American Academy of Pediatrics

DEDICATED TO THE HEALTH OF ALL CHILDREN™

美国儿科学会

致力于保障所有儿童的健康

妈妈育儿热线

（美）唐娅·雷默·阿尔特曼　著
周利敏 洪月 任伟 王丽娟　译
廖玮　校译

北京日报出版社

图书在版编目（CIP）数据

妈妈育儿热线 / (美) 阿尔特曼著；周利敏等译.— 北京：北京日报出版社，2016.1
ISBN 978-7-5477-2005-9

Ⅰ. ①妈… Ⅱ. ①阿… ②周… Ⅲ. ①婴幼儿－哺育－基本知识 Ⅳ. ①TS976.31

中国版本图书馆CIP数据核字(2015)第314305号

著作权合同登记号 图字：01-2015-0117 号

策　　划：书影暗香
出版发行：北京日报出版社
地　　址：北京市东城区东单三条8-16号　东方广场东配楼四层
邮　　编：100005
电　　话：发行部：（010）65255876
　　　　　总编室：（010）65252135-8043
印　　刷：保定金石印刷有限责任公司
经　　销：各地新华书店
版　　次：2016年1月第1版　　　2016年1月河北第1次印刷
开　　本：850毫米×1168毫米　1/32
印　　张：4.875
字　　数：100千字
定　　价：28.00元

Mommy Calls was created by Tanya Remer Altmann , MD , MAAP, and Michelle L. Shuffett , MD.
本书由美国儿科学会会员唐娅·雷默·阿尔特曼博士和米歇尔·L.舒菲特博士原创。

This book has been developed by the
American Academy of Pediatrics.
The authors,editors,and contributors
are expert authorities in the field of pediatrics.
No commerical involovement of any kind
has been solicited or accepted
in the development of the content
of this this publiction.

本书由美国儿科学会组编出版。
本书的作者、编辑以及编著者均为
儿科领域的权威专家。
本书所有内容未包含
或接受任何形式的商业运作。

序　言

“一小时爸爸”这个项目创立于2014年初，我们创建这个号的主要目的，是想尽自己的微薄力量，让中国爸爸妈妈的育儿变得更轻松愉快一些。在近2年的时间中，我们一直努力多给大家带来一些科学并且有趣的育儿知识，祛除一些由不科学的以及伪科学的资讯或产品带来的阴影，让中国本已很辛苦的家长们不会因为这些本不该存在的问题而变得更加困扰，让陪宝宝一起成长的宝贵时间恢复本来快乐的面貌。

中国育儿生活的许多方面都需要改进，比如更安全的食品，更有趣的玩具，更丰富的户外活动等等。但最缺少的，仍然是靠谱的科学育儿知识。出于种种原因，中国在儿童健康发育、儿科医学等方面的现状并不尽如人意，例如无意义的过度补钙、滥用抗生素等等问题。很无奈的是，这些问题往往不只是家长犯错，因为知识更新不及时，很多医务工作者给出的建议也经常会出现错误。

解决这种问题只有一种方法，就是不断学习，向那些全球权威性的机构学习，学习他们基于科学研究总结的育儿生活相关的指导和建议。在过去的2年中，我们参考和翻译过大量例如世界卫生组织、各国防疫机构的相关资料。其中我们参考最多的，则是美国儿科协会（AAP）。

美国儿科协会是美国64000多名儿科医生的协会组织，也是全球最大和最重要的儿科医学专业组织之一。这个协会的工作之一，是向儿科医生和普通家长提供相关资讯，包括出版一系列的专业期刊和书籍。美国儿科协会面向家长出版的系列育儿知识书籍，一直是美国乃至全球各国的畅销品，陪伴着数以千万的宝宝健康成长。

将美国儿科协会的系列出版物介绍给国内的父母一直是我们努力在做的事情,这次和北京日报出版社合作引进这本《妈妈育儿热线》也是我们的一种新尝试：尽我们的力量，让市场上给中国父母的真正科学育儿书籍更多一些。

《妈妈育儿热线》很适合中国父母，这本书所包含的101个问题，都是我们经常被读者问到的。针对这些问题，作者给出了科学而又简单的回答，包括根据不同年龄段提供了相对应的答案。对于育儿中遇到困惑的家长而言，这种快速有效的"热线答疑"其实正是他们所需要的。

这是"一小时爸爸"组织翻译的第一本科学育儿书籍，在整个翻译过程中,我们同样也学到了不少有趣又有用的知识。也希望每位读到这本书的爸爸妈妈，也都能得到和我们一样的收获。我们会继续和出版社的同事一起努力，寻找、翻译、出版更多的可以改善中国育儿环境、让每一位父母和宝宝都更加健康快乐的书籍。

最后再次感谢本书翻译小组的各位同事，翻译：周利敏、洪月、任伟、王丽娟，校译：廖玮，以及整个翻译项目的组织协调者卢婷婷。你们的辛勤认真工作，将帮助成千上万中国宝宝的健康成长。

一小时爸爸

2015年12月

专家点评

《妈妈育儿热线》开本小，便于携带、阅读，充满智慧，里面全是金点子，实用、易懂、切中要害！

哈维·卡普（Harvey Karp），医学博士，美国儿科学会会员《小区里最快乐的宝宝（The Happiest Baby on the Block）》及配套DVD作者

唐娅医生的这本书简直就是奶爸奶妈梦寐以求的宝书，就像在宝宝3周岁前，家里常驻了一位儿科医生。她不仅医术高明，而且经验丰富，书中文字风格简明易懂、可读性强，是家庭书架上必备书籍。

萨曼莎·埃特斯（Samantha Ettus），《婴儿时期专家指南（The Experts' Guide to the Baby Years）》作者，2个孩子的妈妈

有了《妈妈育儿热线》，好像请了一位随时待命的儿科医生。唐娅医生在书中谈到的每一个话题都是新手父母想问的。《妈妈育儿热线》一书文字亲切，知识性强，读起来是一种乐趣。所有父母都应该把这本书带在身边。

吉恩·伯曼（Jenn Berman），医学博士，婚姻、家庭和儿童治疗师，《如何培养快乐自信的孩子（The A to Z Guide to Raising Happy, Confident Kids）》作者

《妈妈育儿热线》就是医生该备的书！面对一个小宝宝，父母会碰到很多头疼、甚至令人揪心的常见的问题，而唐娅·

雷默·阿尔特曼医生用亲切的语气、让人安心的方式来作答，措辞不失幽默……我期待将这本书放在书架上，供我的病人阅读，甚至哪天能在我自己的孙子身上派上用场。

贝西·布朗尼·劳恩（Betsy Brown Braun），儿童发展专家，《告诉我该怎么办：送给困惑父母的小提示（Tell Me What to Say: Sensible Tips and Scripts for Perplexed Parents）》作者

《妈妈育儿热线》简明易读，编排有序，回答了许多父母都会遇到琐碎的、但又不至于打电话咨询儿科医生的问题。就像有一位一周七天全天候待命的儿科医生守候在你身边！

布里奇特·史温尼（Bridget Swinney），外科硕士，注册营养师，《婴儿啃咬行为（Baby Bites）》和《愉快进食（Eating Expectantly）》作者

唐娅医生的书证明了经验丰富的儿科医生价值千金。她回答父母遇到的常见问题，答案直截了当、有见解，也很易读易懂。有她的睿智建议在手边，父母们会感到特别安心。

史蒂文·P. 谢洛夫（Steven P. Shelov），医学博士，外科硕士，美国儿科学会会员，《美国儿科学会育儿百科：0 ~ 5 周岁（Caring for Your Baby and Young Child: Birth to Age 5）》主编

《妈妈育儿热线》写得太棒了，信息量丰富……我要把这本书放进我的"武器库"，让它帮助新手爸妈们做好准备。这是一本非常非常棒的书！

杰森·A. 洛斯巴特（Jason A. Rothbart），医学博士，妇产科医生，西达斯西奈医学中心（Cedars-Sinai Medical Center）

目　录

图　例

在儿科，由于孩子年龄段不同，病情表征差别很大，因此很多常见问题会根据不同的年龄段而有不同解答。鉴于这种情况，本书用以下符号表示对不同年龄段问题的解答：

0 ~ 3 月的新生儿；

4 ~ 12 月的婴儿；

1 ~ 3 岁的学步期幼儿。

尽管书中有很多建议，有些时候，致电咨询儿科医生仍然是最应该做的事。书中用以下符号标示这种情况：

致电儿科医生。

致　谢

如果没有家人、同事和美国儿科学会全体同仁的帮助、支持和鼓励，大家就不会看到《妈妈育儿热线》这本书。

在各位的帮助下，我不仅写完了《妈妈育儿热线》，而且能一直上班照顾病人，甚至还抽空生了我第二个儿子，最夸张的是为了在全国广播公司（NBC）的“今日秀”上出镜，我还背着吸奶器去国外出了几趟差。

我要感谢以下同事、朋友和家人，《妈妈育儿热线》能够出版，他们功不可没：

感谢米歇尔·舒菲特博士多年来对本项目的贡献，没有你就不会有《妈妈育儿热线》。也要感谢我在加州大学洛杉矶分校（University of California, Los Angeles）美泰儿童医院（Mattel Children's Hospital）的导师以及社区儿科医学小组（Community Pediatric Medical Group）的合作伙伴——美国儿科学会会员威廉·格林（William Greene）博士、美国儿科学会会员戴维·谢尔（David Scherr）博士、美国儿科学会会员霍华德·戈尔斯坦（Howard Goldstine）博士、美国儿科学会会员罗伯特·努德尔曼（Robert Nudelman）博士、美国儿科学会会员希瑟科·尼特扬（Heather Cornett-Young）博士，以及美国儿科学会会员莱斯利·施皮格尔（Leslie Spiegel）博士——是他们教会我如何在实际操作中照顾患儿，还为我编写《妈妈育儿热线》这本书提供帮助。此外，我还要感谢玛丽琳·格林（Marilyn Greene），她教会我如何照料孩子，不论是在诊所里还是在家里；感谢艾丽莎 · 赫希（Elisa Hirsch）的母乳喂养建议，它不仅有助于我指导病患，我的两个儿子也因此受益。特别感谢美国儿科学会会员詹妮弗 · 舒（Jennifer Shu）博士和美国儿科学会会员劳拉 · 亚纳（Laura Jana）博士，她们作为母亲、儿科医生和育儿书籍作者为我提供了许多非常棒的建议，对本书的贡献巨大。

要感谢以下医生对本书原稿的专业性的审核和补充：美国儿科学会会员格温奥 · 基夫（Gwen O'Keefe）博士、美国儿科学会会员安吉利 · 赖纳（Angelee Reiner）博士、美国儿科学会会员弗兰克 · 格里尔（Frank Greer）博士、美国儿科学会会员帕特丽夏 · 特雷德韦尔（Patricia Treadwell）博士、美国儿科学会会员罗伯特 · 斯蒂尔（Robert Steele）博士、美国儿科学会会员布莱尼 · 斯隆梅 · 柯林斯（Brynie Slome Collins）博士、安德鲁 · 施帕尔（Andrew Shpall）博士和美国儿科学会会员妮拉 · K. 塞西（Neela K. Sethi）博士。同时还要感谢我儿子的儿科牙医雅艾尔 · 巴尔锡安（Yael Bar-Zion）博士。

我还想感谢美国儿科学会市场和出版部的同事们，他们是马克 · 格兰姆斯（Mark Grimes）、卡洛琳 · 科尔巴巴（Carolyn Kolbaba）和凯瑟琳 · 祖尔（Kathleen Juhl），有了他们的帮助，《妈妈育儿热线》才得以面世。

同样非常感谢我的家人——克利福德 · 努马克（Clifford Numark）教会我如何写作，梅丽莎 · 柯里 · 雷默（Melissa Curry Remer）给我的书提了不少建议，还花了很多时间照顾我的儿子们。由衷感谢我的妹妹，医学博士坎迪丝 · 雷默 · 卡茨 Candace

Remer Katz），作为一位过敏症专科医生，在哮喘和过敏问题上，她给我提供了最新资料；作为一位母亲，在照料自己的新生儿和学步期幼童过程中，她积累了不少经验，为本书提供了大量有益的补充。

无比感激我的父母和祖父母，他们一直在支持和鼓励我追逐、实现梦想。爸爸妈妈，感谢你们通篇阅读了《妈妈育儿热线》，并作为经验丰富且成功的父母和外祖父母，提出无比宝贵的建议。我对公公婆婆也满怀感激，他们时常帮我照看孩子们，以便我有时间工作。他们的慈爱与随和远远超出了我的想象。

最后，感谢我的丈夫，孩子们最好的老爸，没有他，我不会有现在的成就。我们有两个很棒的儿子——艾弗里克（Avrick）和科伦（Collen），他们教会我如何做好一名儿科医生，如何养育子女，这比我在诊所里学到的多得多，我也时常会被他们每天的新探索逗乐。能够做他们的妈妈，我感到无比自豪。

前　言

编写《妈妈育儿热线》的念头诞生于一个忙碌的夜晚，当时我正在加州大学洛杉矶分校的美泰儿童医院里，和好朋友、住院医师米歇尔·舒菲特（Michelle Shuffett）博士一起照顾患儿。作为正在进修的儿科医生，我们的工作职责之一是为各种健康和育儿问题提供电话咨询。一般是孩子的父母、爷爷奶奶、外公外婆或者其他看护人来电咨询，所以我们称之为“妈咪来电”。那晚，我接听了几十个电话，几乎都是咨询同一类问题的。于是，我开始记录家长们的提问。多年以来，随着临床经验不断丰富，且自己晋升为妈妈，我不断地扩充这份问题清单。我汇总了来自全国各地家长及儿科医生的问题和意见，编辑出了这 101 条家长最常问医生的问题，并以通俗易懂、简明扼要的语言作答。

《妈妈育儿热线》主要解答 0 ~ 3 岁儿童的喂养、疾病以及睡眠等问题。《妈妈育儿热线》能解决的不仅是已经出现的问题，也能帮你应对今后的突发状况！《妈妈育儿热线》能提供实用信息、建议和重要提示，语言不失幽默，而且绝妙之处在于这本书的尺寸非常适合装在妈咪包里。所以，在给儿科医生打电话前，查一查《妈妈育儿热线》吧，也许答案就在这本书里。

在儿科，由于孩子年龄段不同，病情表征差别很大。因此，很多常见问题会根据不同的年龄段而有不同解答，不必感到奇怪。鉴于这种情况，在本书中，将 0 ~ 3 个月龄的孩子称为新生儿，用安抚奶嘴（ ）表示；4 ~ 12 月龄称为婴儿，用摇铃（  ）

表示；1 ~ 3 岁称为学步期幼儿，用积木（ ）表示。这些符号方便读者找到适合自己孩子的咨询建议（关于图例的具体解释，参见第 xv 页）。尽管书中有很多建议，有些时候，致电咨询儿科医生仍然是最应该做的事，我已在书中用电话符号（ ）标示这种情况。

如无特别注释，本书中提供的信息和建议均适用于男宝宝和女宝宝。如有不同处理方法，会分别使用“他”和“她”来标示。

希望《妈妈育儿热线》能对你有所帮助，但别忘了最了解孩子的是你自己。你一定会发现，还有很多问题并未囊括在书中，这正是养孩子的特点！如果你发现有些问题没有得到解答，不管问题有多么微不足道，或者看上去有多么愚蠢，都请提出来。当然，任何书籍，包括《妈妈育儿热线》在内，都无法代替医生的直接建议。所以，需要致电儿科医生时请不要犹豫，哪怕是在凌晨 3 点！毕竟，解答问题是医生的本职工作。

第1章

婴儿基础护理

“宝宝生下来了……我该怎么办？”

当你翻开这本书，就意味着要恭喜你的宝宝出生了！育儿之路漫漫，也许你开了个好头，满心欢喜地期待未来；也许你已经成功地度过住院的日子，带着你那喜悦的小包裹回到家了。不可否认，有了孩子以后，还是有一些快乐或至少是平静的日子的。但是，当你绞尽脑汁想搞清楚宝宝为什么哭的时候（饿了、尿了、累了……天呐），当你给宝宝穿戴整齐，第一次去医院复诊时（千万别忘了带上妈咪包），可能会突然醒悟——你的生活已经变了，永远地变了。

在过去的9个月里（如无延迟），你迫切地期待着，做好一切准备迎接这奇妙的改变。即使如此，当宝宝真真切切降临后，当你已为人父母时，你可能仍然会在心中呐喊——谁还能再教教我？在医院里，护士、哺乳顾问和医生随叫随到，可以提供许多帮助。你可能已经把所有“育儿必读”看了个遍，还和妈妈、闺蜜煲了很多次睡前“电话粥”讨教经验，你满以为自己已经准备好了。但是，无论什么都无法帮你做好足够的准备，去应对这让人抓狂但又令人激动的育儿之路。宝宝回到家的头几天里，大多数父母都会遇到问题——而且是很多很多！这里有些答案可以帮到你们。

注：关于新生儿的重要问题，如睡眠、喂养、排便、发烧或皮肤等，都另设有独立章节解答。

外 出 篇

1. 何时带宝宝去做检查?

通常，最好在出院后 2 天内带宝宝去复诊。几十年前，产后住院时间比较长，新生儿在出生后可以在医院观察 1 周左右，这也给父母更多时间去积累照顾新生儿的实践经验。现在，第一次检查通常安排在出院后不久（宝宝出生后 1 周内），以确保新生儿的喂养、排尿以及排便正常，黄疸消退（参见 90 ~ 91 页，问题 71）以及没有异常减重。所有宝宝在出生后，体重都会下降，但在 2 周时会恢复到出生体重。这次早期检查特别有帮助，因为大部分新生儿只在医院住 2 ~ 3 天。父母在短期内要掌握的东西太多了。宝宝的喂养方式、排便情况和行为表现将决定他在出生后前几周内接受检查的频率。

需要知道的是，新妈妈在三天三夜没睡觉后，恐怕连自己叫什么都记不住，更别说记住三更半夜才想起的问题，所以一想到什么问题就写下来吧。留足时间准备随身物品（参见以下“唐娅医生来支招：妈咪包里的必备物品”），出发，准时赴约——带着新生儿出门这件事是需要花时间去适应的！

唐娅医生来支招

妈咪包里的必备物品

宝宝需要用到很多东西，所以得准备一个妈咪包，说不定要两个，让另一位照顾宝宝的人也带上一个。这样，即使外出时间超出计划，也有足够的必需品用。一个配备齐全的妈咪包应包含以下物品：

- 至少5片尿布
- 隔尿垫
- 婴儿湿巾
- 护臀霜
- 装湿尿片和脏衣服的塑料袋
- 配方奶粉、奶瓶和奶嘴（如采用配方奶喂养）
- 口水巾
- 瓶装水（用来冲调奶粉、清理脏东西或者自己喝）
- 换洗衣物（你的和宝宝的）
- 毯子
- 安抚奶嘴（如适用）
- 婴儿用对乙酰氨基酚（泰诺林）
- 洗手液
- 重要信息表——儿科医生的电话号码、宝宝近期体重、过敏史（如有）以及疫苗记录

别忘了及时补充妈咪包里用完的物品，这样才能时刻准备着，能够说走就走了。

去医院复诊后，第一年常规儿科保健体检（以下简称儿保）时间为：第2周、1个月、2个月、4个月、6个月、9个月和12个月。当然，不同医生可能有不同的时间安排。在这一年里，虽然要一趟趟地带着宝宝去见儿科医生，但每一次儿保都很重要。医生会从头到脚仔细地检查宝宝，看看他的生长情况，评估他发育是否达标，是否有病症，为宝宝健康、快乐、安全地长大提供相关建议。此外，根据宝宝的月龄，医生还会建议做一些有针对性的检测和疫苗接种。

在两次儿保之间，如果出现特殊问题或有疑虑，一定要约医生做检查。

2. 何时才能带新生儿外出?

无论你想带着宝宝出门去户外还是室内场所，又或是搭乘飞机，黄金原则是：在宝宝6～8周前，尽可能远离人员密集场所。因为新生儿的免疫系统尚未健全，容易感冒，患病后病情会迅速加重。不要带宝宝去密闭场所，比如超市、商场、电影院、各类聚会或乘坐飞机，因为这些地方可能有人在生病。特别是在冬季，最好假设所有人都是传染源，因为有些人虽然没有明显症状，但他会传播病菌！绝不要让有明显病症的人靠近宝宝，也不要让幼儿接近宝宝，因为小孩子更容易通过手传播病菌。此外，尽量避免他人摸宝宝、对着宝宝呼气和咳嗽。

好了，知道该避免什么情况，出门就没问题了。给宝宝适当穿衣（参见“育儿小常识：宝宝热了还是冷了？”），然后出门享受悠闲的户外时光吧。

育儿小常识

宝宝热了还是冷了?

除非随身携带温度计，要不真的很难准确回答这个问题。随身携带温度计显然不现实，我们也不建议这样做！因为婴儿不一定会出汗或打寒颤，也不能准确表达自己的感觉。基本原则是：大人穿多少，就给孩子穿多少。如果多穿一件能让你（或宝宝）觉得更舒服，那就多穿一件。没有必要因为家里有新生儿而调节室内温度，衣服穿够就行了。如果天气热，你只穿短袖短裤，那宝宝只穿一件连体衣就够了。如果天气变冷，你需要加一件毛衣和夹克衫，那就给宝宝加件外套。戴帽子始终不会错（如果“小顽皮”能老老实实地戴着），因为天冷时热量会从头部散失，而天热时帽子能遮阳。

3. 我能带宝宝坐飞机吗?

尽量让宝宝满 6 ~ 8 周后再做“小飞侠”。坐飞机本身并不危险，但在飞机上可能接触到病人（参见第 4 页，问题 2），此外，坐飞机可能会让宝宝耳朵不舒服。婴儿的耳道比成年人的更窄和弯，所以，飞机起降产生的气压变化（着陆时更为明显）有时会引起疼痛。哺乳、用奶瓶喝奶和吮吸安抚奶嘴能缓解飞机起降时的耳部不适，因为吮吸和吞咽有助于平衡压力，减轻疼痛。在确定飞机即将起飞或下降后再采用以上手段，这样可以避免宝宝过早吃饱而停止吮吸。还有一个办法，在起飞前约 30 分钟时，给宝宝服用适量的对乙酰氨基酚（泰诺林）可以缓解不适。如果飞行时间超过 4 个小时，可以在下降前再服用一次［请参见 69 页“对乙酰氨基酚（泰诺林）用量表”和“布洛芬（美林或艾德维尔）用量表”］。

唐娅医生来支招

维护宝宝健康

让小哥哥、小姐姐们轻抚或亲吻宝宝的小脚丫，而不是脸或手，这样可以避免大孩子将疾病传染给新生儿。也可以指派一名大孩子当洗手监督员，让所有来访者先洗手再抱宝宝，这可是医生的命令哦！

哭　闹

4. 啊啊啊！宝宝哭个不停——受不了啊！哭得这么厉害（我又这么郁闷），正常吗？

小宝宝都会哭！他们除了睡觉、吃奶、拉臭臭，就是哭！！饿了会哭，尿了会哭，冷了会哭，疼了会哭，有时还无故大哭。每天哭上几个小时也是正常的。新生儿平均每天会哭 2 小时，在头几个月里，哭的时间甚至更长。慢慢掌握规律后，你就能逐渐分辨出宝宝不同哭声的含义。如果喂完奶，拍完嗝，换完尿布，确定没有什么东西弄疼宝宝，就随他哭一会儿吧，一般问题不大。宝宝可能是用哭来消耗精力，就让他发泄吧。美国儿科学会会员哈维·卡普（Harvey Karp）博士开发了一套安抚哭闹宝宝的实用方法，在《小区里最快乐的宝宝（The Happiest

Baby on the Block）》DVD 中，他介绍了“5S”安抚法，即：包裹（swaddling）、清醒时侧卧或俯卧（side/stomach）、嘘声（shushing）、摇摆（swinging）和吮吸（sucking）。我觉得还应该加上 1 个“S”——唱歌（singing，宝宝不会介意你唱跑调）。有些宝宝还很喜欢四处晃晃，所以，抱着孩子跳跳舞，散散步，这对于你和孩子都有好处。

如果宝宝哭声尖厉、哭闹过度或完全无法安抚（无论你做什么，孩子还是哭个不停），请致电咨询儿科医生。严重的哭闹可能是患病的信号。

5. 能用安抚奶嘴吗？

好吧，这是个充满争议的问题。请看下面正、反双方的观点。

正 方

• 安抚奶嘴能降低婴儿猝死（SIDS）的风险

为什么？我们还不确定个中原因，有些专家认为吮吸动作可以刺激大脑的呼吸中枢，还有些专家认为使用安抚奶嘴能保持气道畅通。无论是哪种观点，都有充分证据支持。所以，美国儿科学会现在建议：1 周岁以内的婴儿可以使用安抚奶嘴辅助入睡，但在婴儿睡着后，不应将安抚奶嘴再放入他口中。如采用母乳喂养，可在母乳喂养稳定后，再使用安抚奶嘴。

• 宝宝可通过吮吸安抚自己

千万别把你的乳房当成安抚奶嘴！如果婴儿吮吸欲望很强烈，或是在喂完奶、拍完嗝以及换完尿不湿之后仍然哭闹，为什么不试试安抚奶嘴？看看这个“神器”能不能让他安静下来。

反 方

• 过早使用会干扰母乳喂养

有时，如果宝宝含着安抚奶嘴，就很难辨别和理解宝宝所发出的信号，尤其是会让父母忽略他饥饿的信号。此外，有些婴儿在吮吸安抚奶嘴（甚至奶瓶的奶嘴）后，可能会造成乳头混淆。

• 过度使用

婴儿会很快习惯用奶嘴安抚自己，帮助入睡，形成习惯后会很难戒除。用过安抚奶嘴的婴儿到大月龄后会更易患感冒，因为他们已经习惯了时不时用嘴吮吸物品（往往都是病从口入）。此外，使用安抚奶嘴长达一年或者两年后，有可能影响牙齿的排列和咬合（详情请咨询牙医）。

• 增加耳部感染的风险

使用安抚奶嘴会有增加耳部感染的潜在危险。有些专家认为，不停地吮吸安抚奶嘴会把多余的液体挤向中耳，从而增加婴儿发生耳部感染的几率。

那该怎么办呢？如果你家的宝宝爱哭闹，很难带，或吸吮欲强，又或是你想用安抚奶嘴帮助宝宝入睡，请在宝宝完全建立母乳喂养习惯并且开始增重后再使用安抚奶嘴，这个时间通常是在他出生 2 ~ 4 周后。4 ~ 6 个月的宝宝需要顺应昼夜交替的规律，建立自我安抚的能力（这个时候他应该能睡整觉了，如果还不能，请尽快翻阅第 12 章《睡眠》）。因此，戒掉安抚奶嘴的最佳时间是 6 ~ 12 个月，这个月龄戒掉安抚奶嘴还比较容易，如果等到更大月龄或者进入学步期，宝宝已经认定安抚奶嘴了，不使用它就没法入睡，这个时候再戒就难了。如果宝宝不喜欢安抚奶嘴，就不要强迫他使用。

身体部位

宝宝的身体由很多部位组成，从头到脚，十分复杂，却没有附带说明书。本书的初衷只为解答一些最常见的问题，所以书中介绍身体各部位的内容比较分散。还有其他问题？请列个清单，在下次做儿保时咨询儿科医生。如有紧急问题，请致电咨询儿科医生。

6. 我知道宝宝的肚脐最终会变得可爱，可现在它看上去就是个格格不入的小木桩，周围还有一点恶心的液体。脐带残端什么时候才能脱落？

别担心，残留的脐带不会一直在那里，它通常会在宝宝出生后 1 ~ 3 周内自行脱落，在此期间，要注意保持清洁干燥。以前建议用酒精棉球清洁和消毒肚脐，但现在大多数医生建议不做任何处理——又让你少做一件事。不过，如果它沾到粪便或尿液，就得用婴儿湿巾或用棉签蘸少量外用酒精进行清洁。许多照顾宝宝的人还喜欢把纸尿裤的前面向下折（或使用不覆盖肚脐区域的新生儿专用纸尿裤），这样就不会刺激或摩擦到肚脐。

脐带残端脱落的前后几天里，会出现一些微带血丝的液体，甚至是血痂，这都是正常的。你可能还会发现，在脐带根部有黏性小肿块（脐肉芽肿），如果出现这种情况，请咨询儿科医生。到诊所去涂点硝酸银在脐肉芽肿上，可以促进它干燥及愈合，或者也可以使用外用酒精擦拭它，每天数次，持续擦几天。肉芽最终会消失，肚脐也会很快变正常。在脐带残端脱落且肚脐干燥愈合后的一两天里，只能给宝宝擦浴，之后就可以盆浴了，把小黄鸭和能扔的都扔进浴盆里，尽情玩吧！

如果肚脐周围皮肤发红，或在脐带残端脱落后的几天内渗出液体或血，请致电咨询儿科医生。

育儿小常识

指甲……剪还是不剪？

是任由宝宝把自己抓伤，还是想办法剪掉他的指甲？我也不知道哪种情况更糟糕。相对容易（也较为安全）的选择是把指甲磨平。如果选择剪指甲，又不小心剪破皮（这事我们都干过），先按压止血（一般流血很少），再仔细清洁伤口。别担心，宝宝不会记仇的，该剪的时候就放心剪吧。如果伤口血流不止，或者出现红肿、有液体渗出等感染迹象，赶紧给儿科医生打电话，但这种情况很少见。此外，尽量不要给宝宝戴手套，他需要通过触摸来探索世界。

7. 宝宝鼻塞了，我怎么样才能帮他更顺畅地呼吸？

新生儿和婴儿主要通过鼻子呼吸，可他们的鼻腔通道又非常小，一点点鼻涕塞着就能发出很重的鼻音。即使鼻子听起来塞得厉害，只要不影响宝宝进食和睡眠，就不必担心。如果鼻塞确实影响宝宝进食或睡眠，请联系儿科医生。采用直立的喂奶姿势有助于缓解鼻塞，或者将婴儿床或摇篮的头部一侧稍稍垫高。此外，还可以试试以下方法：

- 宝宝睡觉时，在房间放台冷雾加湿器或喷雾器，以保持宝宝鼻腔湿润。
- 往每个鼻孔里挤一滴洗鼻盐水，洗掉鼻腔里可见的鼻涕。盐水从鼻腔回流到咽喉后部时会引起咳嗽，这很正常，没关系。然后用冲洗球轻轻吸出鼻涕。如果可以做到的话，在吸宝宝一边鼻孔的同时，堵上他另一边的鼻孔。可以尝试在直立状态下吸，因为在重力作用下，鼻涕会往下流。频繁吸鼻会刺激鼻黏膜、加剧鼻塞，所以每天吸鼻的次数不宜过多。
- 或者，向鼻孔里滴了盐水之后，让宝宝趴一会儿，宝宝上下摆头（或即使是哭闹）时，鼻涕会自行流出。

滴鼻盐水可以购买到，也可以自制（1/4 茶匙盐加 240 毫升水）。甚至可以用几滴母乳洗鼻子。

在大多数情况下，宝宝的呼吸出现杂音都是由鼻塞造成的，但要注意判断是否有呼吸困难的迹象。新生儿每分钟正常呼吸次数为 30 ~ 60 次（每 1 ~ 2 秒呼吸一次），要比儿童和成人快得多。如果每秒钟呼吸数超过 1 次，就得密切观察以下迹象：胃部或肋骨之间的区域是否随着呼吸上下起伏？每次呼吸中，是否听见哮鸣音（尖锐的哨声）或其他杂音？头部是否随呼吸上下摆动？是否咳嗽？每次呼吸时，鼻翼是否向外张开？皮肤是否发青？

如出现上述症状的任何一种，或者你无法判断，请立刻致电咨询儿科医生。

儿科医生怎么看

防止睡偏头（斜头畸形）

建议所有健康的新生儿采用仰卧睡姿，在宝宝睡着后，也要时不时帮他调整头的朝向。宝宝的颅骨很软，这样做可以避免颅骨的某个部位因受压过久而扁平。宝宝清醒时，让他在监护下多趴着，这有助于增加他头部、颈部和上身的力量。

8. 要给宝宝做包皮环切吗？术后该如何护理阴茎？

包皮环切完全是私事，大多出于宗教或民族信仰的考虑。因此，割与不割完全由父母做主。从医学角度看，包皮环切术有一定的好处，可以降低孩子长大后尿路感染、性传播疾病感染和阴茎癌的发病率，还可以降低其伴侣罹患宫颈癌的风险。你需要知道的是，人们也常常采用其他的方式降低上述风险，不过，最终你可能还是会做这件事，原因就如我的一位导师常说的那样："男孩应该跟他爸爸一样！"

包皮环切术已经存在数千年了，虽然技法和术后护理有所改变，但从本质上看，大多数包皮环切术的最终效果都一样。如何护理术后的阴茎取决于包皮环切术的施行方式以及手术医生的偏好。

包皮环切术通常分为两类，都需要在麻醉状态下进行，这样新生儿才不会觉得痛。第一种是 Plastibell 法，术后 1 周左右，结扎线及保护罩会自行脱落。第二种是当前常用的 Gomco 或

Mogen 式钳法，术后用薄纱布包扎创缘，24 ~ 48 小时后，纱布会自行脱落。有时，医生也会要求你主动帮宝宝取下纱布。术后 7 ~ 10 天，伤口会结黄色的痂皮，别担心，皮肤会最终愈合并恢复正常。在切口愈合前，医生会建议，每次换尿片时在阴茎头涂点凡士林或其他油膏以防止伤口粘在尿片上。

如果宝宝尿线不成直线，或术后8小时没有排尿（有可能你拨电话的时候他就尿了），或者切口出现大量渗血、脓液、红肿或淤青，请致电咨询儿科医生（或是手术医生）。

9. 如果没割包皮，又该如何清洁?

不……要……碰！至少现在还不是时候。把包皮上翻后清洁，其实会导致组织有细小撕裂，最终造成包皮粘连，为将来的问题埋下伏笔。可以用清水（加一点温和的沐浴液，也可以不加）简单地冲洗包皮。孩子大一些后（通常 2 岁左右）会出现夜间勃起，包皮会自行伸展，即使之前出现粘连，也会自行分离。而且，许多发育正常的小男孩在 4 ~ 5 岁前包皮都无法上翻，这时你可以教儿子如何轻轻地清洗包皮和被裹着的龟头。等包皮变得容易上翻的时候，你的儿子也长大了，知道如何自己护理它了。

如果宝宝的阴茎周围出现红肿或疼痛，马上去看儿科医生。

10. 我在宝宝的纸尿裤上发现了红丝。这是血吗?

纸尿裤上的红丝有可能是血，但通常并不是出血造成的。

- 如果血点呈粉末状，像胭红粉，那可能是尿酸盐晶体（出生后头几天，妈妈的产奶量还不够，宝宝摄入水分较少，

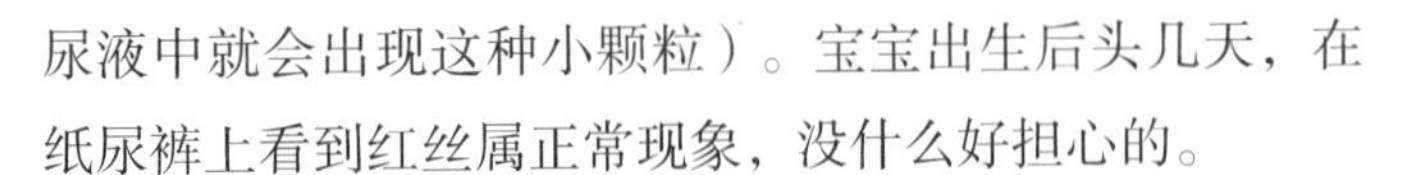

尿液中就会出现这种小颗粒）。宝宝出生后头几天，在纸尿裤上看到红丝属正常现象，没什么好担心的。

- 如果男宝宝割过包皮，在纸尿裤上紧贴切口的位置可能会出现深黄色斑迹或血迹，这时，需要检查一下阴茎前端是否有感染和出血的迹象。如果发现可疑情况，请致电咨询儿科医生（参见 12 ~ 13 页，问题 8）。
- 如果是女宝宝，纸尿裤上的红色斑点可能就是血，但也不用担心，这属于撤退性出血，类似女性的月经。出现这种情况是因为她出生后脱离了妈妈体内的高水平的雌性激素环境。这种情况会自行消失，大可不必担心。

如果在宝宝出生 1 周后，在纸尿裤上仍能看到红丝，或者你心存疑虑，就该带宝宝去看儿科医生。就医时尽可能带上可疑的、沾有血迹的纸尿裤，以便医生检查。

第2章

母乳喂养

“要不要母乳喂养呢？”

许多妈妈在孕期就决定母乳喂养，而有些妈妈还拿不定主意，需要了解更多的信息后再做决定。很多新妈妈是在第一次将刚出生的小人儿抱入怀中与他肌肤相亲，看着这完美的小人儿张开可爱的小嘴含住乳头并开始吮吸时，才决定母乳喂养的。无论何时做决定，当你知道这将为宝宝和自己的生活带来惊人改变时，会倍感欣慰。

母乳喂养的基础知识

11. 我想母乳喂养，又担心自己做不到，能从哪儿获得帮助?

虽然哺乳是一件再自然不过的事情，但大多数宝宝并不是天生的“吸奶小能手”，妈妈也不是天生的“哺乳达人”！你和小人儿可能需要花上几天（甚至几周）彼此磨合，特别是在下奶比较慢的时候。千万别泄气！哺乳初期需要耐心和努力，一定要坚持下去！为了宝宝和自己的健康，一切都是值得的。

有问题就大胆地去寻求帮助，如果之前没有这样做，那么就从母乳喂养的第一天开始。

儿科医生怎么看

母乳最好，这一点儿不假

母乳喂养确实耗费精力，因为它需要占用相当多的时间（相信我，我可深有体会！），但已有各种文献说明母乳的益处，而哺乳的经历也是无价之宝。母乳可以给宝宝提供抗体，抵抗细菌和病毒（喝母乳的宝宝较少生病）；母乳最易消化，鲜有宝宝对母乳过敏；母乳喂养省钱实惠（钱都省下来给宝宝买可爱的衣服，或存起来用作他的大学学费）；无需准备（掀开衣服就能喂）。研究表明，母乳喂养的宝宝发生耳部感染、呼吸道感染和腹泻的几率较低，患哮喘、糖尿病和肥胖症等许多儿童疾病的风险也相对较低。母乳喂养不仅造福于宝宝，许多证据也证明它有益于妈妈的健康。例如，能降低妈妈患癌症和糖尿病的风险，也能让她迅速恢复到孕前体重。母乳喂养每天需消耗 300 ~ 500 千卡的热量，相当于跑 5 千米！经历过所有的辛苦后，你值得拥有这样的回报。

美国儿科学会出版的育儿书《新手妈妈哺乳指南（New Mother's Guide to Breastfeeding）》，内容简单易读，趣味横生，可为新手妈妈提供哺乳期指导。你也可以在分娩前向儿科医生咨询母乳喂养的各种细节，索取社区推荐的资源清单。许多医院都有哺乳顾问，许多产后护理人员和保育员也是训练有素的母乳指导，他们都能提供帮助。你所处的地区可能会有驻地哺乳顾问，你可以找一位国际认证哺乳顾问（International Board Certified Lactation Consultants）或联系当地国际母乳会（La Leche League）求助。哪怕在产后几天里你只咨询过一次哺乳顾问，对未来的影响也会极为深远。除此之外，很多妈妈支持组织、母乳喂养中心和母婴店里都有哺乳专家，可提供各种资源和帮助。

儿科医生怎么看

母乳喂养——美国儿科学会官方建议

美国儿科学会大力支持母乳喂养，因为在宝宝 1 岁之前，母乳是他们最佳的营养来源。美国儿科学会建议纯母乳喂养至 4 ~ 6 个月，然后逐渐添加固体食物，并坚持母乳喂养到至少 1 岁，之后也可以根据母亲和宝宝的需求，一直坚持到自然离乳。

12. 什么时候才能真的下奶?

宝宝出生后的 2 ~ 3 天里，乳汁是黄色、半透明的液体，这是初乳，它富含易消化的蛋白质、脂肪、维生素、矿物质和能抵御疾病的抗体。初乳还含有一种温和的通便成分，能够帮助新生儿排出胎便、降低胆红素水平以及缓解黄疸（参见 90 ~ 91 页，问题 71）。产后几天内需要频繁哺乳，所以要保证足够睡眠（虽然很难找到机会，但必须挤出时间睡觉），补充水分，加强营养，才能增加奶量。哺乳 3 天后，开始分泌过渡乳，乳房开始变得更加丰满和柔软。继续及时哺乳，大约 3 ~ 7 天后，就能在宝宝嘴角或乳头上看到流出的白色乳汁了。恭喜，你终于下奶了！

出生 3 ~ 5 天的婴儿每天至少要尿湿 3 ~ 5 片纸尿裤，排便 3 ~ 4 次（有时，一片纸尿裤上有便也有尿），如果不达标，请致电咨询儿科医生。这可能意味着初乳或乳汁不足。

13. 给新生儿定时哺乳，还是按需哺乳？

产后 24 小时内，需哺乳约 8 ~ 12 次，每次间隔 2 ~ 3 个小时。如果宝宝发出饥饿信号——如觅食反应（婴儿转头至受刺激侧并张口寻找乳头）、咂嘴、吮吸动作甚至哭闹（尽量不要等到哭闹才喂，这是饿过头的信号）。哺乳初期，每侧乳房喂 20 ~ 30 分钟，奶量及宝宝的体重增加之后，宝宝吮吸效率会提高，这时每侧乳房只需喂 5 ~ 15 分钟。一般而言，哺乳次数越多则产奶量越大，因为身体会按照宝宝的需求不断产奶。许多宝宝每隔几小时会醒来找奶吃，但也有些宝宝需要哄哄才吃。在头几周里，最好顺其自然，按需哺乳，这是增加奶量和保证宝宝获得足够营养的最佳方法。一旦宝宝恢复到出生体重，且生长发育状况良好（一般第 2 周儿保时检查），宝宝晚上想睡多久就让他睡（记得要把闹钟关掉！）。如果想定时喂养（比如 3 小时 1 次），可以试试看新生宝宝做何反应。有些宝宝喜欢白天“密集吃奶”，大概一小时甚至更短时间要吃一次，但夜间吃奶间隔会拉长（你就能多睡一会儿！）。

如果对喂养安排有疑虑，或不确定宝宝是否吃饱，可以在正常儿保之间或任何你觉得需要时找儿科医生检查宝宝的体重。

儿科医生怎么看

婴儿维生素

美国儿科学会建议，所有母乳喂养的婴儿在出生几天后，可以每天补充一次维生素 D（400 国际单位，婴儿维生素滴剂中也含有）。因为母乳中的维生素 D 不足，且妈妈体内的维生素 D 不会进入乳汁。如果宝宝每天喝的配方奶量少于 960 毫升，也需要补充维生素 D。

吸　奶

14. 我需要把奶吸出来用奶瓶喂吗？什么时候可以这么做？

如果你打算重返职场，或不想拖儿带女地出去吃晚饭、看电影，那就吸出来吧！吸出来并妥善储存的母乳可以用奶瓶喂，这也能让其他家人有机会给宝宝喂奶，与他联络感情（难得让你有机会休息一下）。

在建立良好的哺乳规律后，当你觉得自己恢复得差不多了，想做点其他事的时候（通常在宝宝出生 2 ~ 3 周之后），可以把母乳吸出来，存放好，开始使用奶瓶喂奶。如果拖太久，宝宝可能会不接受奶瓶，到时你就会接到保姆或其他看护人的电话，惊慌失措地叫你回家！最好每隔几天就让其他人用奶瓶给宝宝喂奶（哪怕是你在家的时候），好让宝宝熟悉奶瓶。

吸奶器分手动和电动，如果吸奶频繁，最好投资一个电动吸奶器。如果不确定要用多久或只想试一次，你可以租一个，不用买。觉得奇怪？并不奇怪，你只是租个吸奶泵，所有接触皮肤和乳汁的部件都可买全新无菌的。

15. 如何储存吸出来的母乳？

这取决于所使用的吸奶器。有的吸奶器可以直接把奶吸到（可以冷藏或冷冻储存的）母乳袋或储奶瓶里。可以用流动的温水冲储奶袋或储奶瓶来解冻，或用热奶器解冻，千万别用微波炉！微波炉加热会破坏母乳中抵抗感染的有益抗体，而且加热不均，有可能烫伤宝宝的嘴。如果知道第二天所需奶量，可以提前从冷冻室里取出来适量冻奶放入冷藏室解冻。要注意，母乳解冻后不能再次冷冻，所以要合理规划，只解冻宝宝需要的奶量。

那么，吸出来的母乳最佳存放时间是多久？刚挤出的母乳可按照以下方法存放，请记住这个 4-4-4 原则：

- 室温下最多存放 4 小时。解冻后的母乳在室温下存放。
- 在冷藏室内，最多存放 4 天，这适用于刚挤出来的新鲜母乳。安全起见，之前冷冻过的母乳只能在冷藏室内存放 24 小时。
- 在冷冻室内，最多存放 4 个月。如果你有独立冷柜（比如储存冻肉的冷柜），则可以存放最多 6 ~ 12 个月。要把母乳放在冷冻室的最里面，那儿的温度最低。如果放在冷冻室里的冰淇淋和冰块都是硬邦邦的，温度就足够低了。

常见问题

16. 宝宝一吃母乳就睡。怎样才能让他在吃奶的时候保持清醒?

吃着吃着睡着了，这实在太常见了，特别是对出生几周的新生儿来说。哺乳对婴儿有非常强的安抚作用，躺在妈妈温暖又舒适的怀里，谁都会睡着。除此之外，在出生后的前几周，如果乳汁流速太慢，宝宝也可能睡着，这可不是吃饱的表现。如果出现这种情况，轻轻挤压乳房（用另一侧的手握住乳房，拇指在上，其他手指在下，轻轻按压）可以帮助宝宝吸到更多的奶，这样，即使宝宝睡着了，吮吸放慢，他也能喝到奶。宝宝需要保持足够长的清醒时间，才能摄入足够多的热量，实现增重和身体发育。最好在每次喂奶时，宝宝能保持清醒，一次性吃饱。但在刚出生的几周内，这几乎是不可能的。可以试着脱掉宝宝的衣服再喂奶，只留下纸尿裤。还可以根据情况轻抚他的头、脖子或者后背，挠挠脚底板，让他保持清醒。换另一侧喂奶之前，可以拍拍嗝，或者换个尿片，最好让爸爸来换——这绝对能让宝宝和爸爸都清醒过来。

如果宝宝一直睡，你没办法叫醒他吃奶，或已经连续错过两顿奶，请致电咨询儿科医生。

唐娅医生来支招

想增加奶量就得……

- 多喝水（在喂奶时，放一瓶水在手边）。
- 均衡饮食（要比孕前多摄入约 500 千卡……放开吃吧！）
- 有规律地哺乳。
- 多吸奶（如果有时间，早上可以额外多吸一次奶）。
- 睡眠充足（尽可能多睡觉）。

尽管，没有充分的医学证据证明胡芦巴胶囊、下奶茶以及大麦或燕麦能够下奶，但很多妈妈仍对此坚信不疑。

在服用任何药物或草本补品前，一定要咨询儿科医生确定是否安全，避免不良副作用。

17. 乳头被吸得好疼，我边喂边哭。救命！

坚持住！哺乳姿势不当、吮吸过猛或过久会导致乳头酸痛、开裂，而且非常疼，很多妈妈也因此放弃哺乳。一旦出现这些问题，马上查阅哺乳顾问的建议清单。如果事前没准备清单，就得学习正确的哺乳姿势和方法，并做好乳头的清洁，就可以预防或解决这个恼人的问题了。如果你正饱受疼痛折磨，以下方法有助于伤口愈合，防止疼痛加剧：

- 尽管你觉得宝宝的衔乳姿势没问题，但可能还是有点偏差。参见第24页的“儿科医生怎么看：正确的哺乳姿势”。如未奏效，请尽快咨询哺乳顾问！
- 哺乳或沐浴后，让乳头自然风干，再搽一些安全并适用于你和宝宝的绵羊油。
- 挤几滴母乳，轻抹在乳头上，自然晾干。
- 穿棉质、宽松的胸罩或使用乳头保护罩，甚至可以不戴胸罩。
- 喂完奶后，用凉的敷布或凝胶垫做冷敷；在喂奶前，用温热的敷布做热敷。
- 勤换溢乳垫。
- 试着缩短喂奶时间，或者每次只喂一侧乳房，让另一侧有时间愈合。
- 坚持母乳喂养！
- 爸爸可以给辛苦的妈妈做颈肩按摩，尽管无法缓解胸部疼痛，但肯定有益无害。

如果以上补救措施在24～48小时内未奏效，疼痛反而加剧，哺乳后有灼痛感（可能是酵母菌感染），或者宝宝吐出带血丝的乳汁（可能乳头皲裂引起出血），请致电咨询儿科医生或哺乳顾问。如果乳房持续疼痛并加剧，出现剧痛、发热及类似于感冒的症状，请致电咨询产科医生。这时乳房可能已被感染（乳腺炎），需要接受抗生素治疗。

儿科医生怎么看

正确的哺乳姿势

错误的哺乳姿势会引起乳房疼痛，直接影响哺乳。以下是我自己的哺乳顾问艾丽莎·赫希（Elisa Hirsch，注册护士、护理学学士和国际认证哺乳顾问）关于正确哺乳姿势的建议：

抱起宝宝，让他面向你，鼻子靠近你的乳头。让宝宝的头稍向后倾斜，保持仰视姿势。等宝宝张大嘴后，再把他抱紧，让他的下巴贴近乳房。用手压住乳头周围，调整乳头方向，将它塞入宝宝口腔的上半部分。如果衔乳姿势正确，他的下巴应该贴着胸部，乳晕部分（深色部分）对着鼻子而不是下巴。乳头从宝宝的嘴里抽出来时，看上去会长一些，但形状应和喂奶前一样。乳头感到吮吸产生的酥麻是正常的，但如果觉得痛，就应向医生或哺乳顾问求助。

18. 宝宝经常吐奶，这正常吗？

偶尔吐奶属正常现象。有些宝宝频繁吐奶，妈妈会担心是不是自己摄入的食物进入母乳，引起宝宝过敏。通常，过敏不会造成吐奶，而反流或者宝宝吃奶吃得太多、过急会造成吐奶。书中第 4 章将详细讨论反流的问题。简单地说，反流就是宝宝吃下去的奶（夹杂着胃酸）又从胃里倒流出来。如果宝宝吭哧吭哧地狼吞虎咽，先把乳头拔出让他休息一会，或者拍拍嗝再接着喂。在手边放一条口水巾，就能随时接住吐出来的奶。可以少量多次地喂奶。比如每次只喂一侧乳房，喂完奶后竖抱宝宝 10 ~ 15 分钟，不要让他平躺。尽管你已经尽其所能，但吐奶依然是新生儿的必经阶段，很难避免。因此，外出时要多准备一些口水巾，别忘了多备一套宝宝（还有你）的换洗衣物。

有时，宝宝会对你摄入的某些食物过敏。最常引起过敏的食物是奶制品和豆制品，此外，蛋类、坚果、小麦、鱼类、贝类和柑橘等也可能引起过敏。限制饮食前，请咨询儿科医生，因为哺乳期也需要合理饮食。

如果宝宝频繁吐奶，看上去很难受，或是大哭大闹，体重增长缓慢，请致电咨询儿科医生。此外，如果出现腹泻、便血或呕吐的症状，多半是由过敏引起，也请致电咨询儿科医生。

儿科医生怎么看

胀　气?

某些易引起胀气的食物也会导致宝宝胀气，造成肠胃不适。这些为数不多的食物包括：辛辣食物、西兰花、花菜和豆类。

19. 我感冒了，还能继续喂奶吗?

当然可以。实际上，母乳能防止你把感冒传染给宝宝。因为，一旦你感冒，身体就开始制造抗体，这些保护性抗体可通过乳汁传递给宝宝。在你未出现症状之前，宝宝可能已经接触到你身上的病菌，如果此刻停止哺乳，宝宝感冒的几率反而会升高。最好在接触宝宝之前先洗手，尽可能避免冲着他咳嗽或打喷嚏。

如果因为重病、服药或其他治疗，医生建议你停止哺乳，请咨询儿科医生。也许有其他方法能让你继续哺乳。

20. 我能在哺乳期喝红酒、咖啡吗？能吃非处方药吗？

吃进去的总是会排出来！很多吃进去或喝下去的东西都会进入乳汁，可能会对宝宝产生影响。

答案也许让你大吃一惊，偶尔适量饮酒是没有问题的（美国儿科学会也这样认为）。喝杯红酒的最佳时间是在哺乳或吸奶后，离下一次哺乳或吸奶至少有 2 个小时，这样能有更多时间让身体排出酒精，从而仅有小部分通过乳汁进入宝宝体内。

虽然不必完全戒掉咖啡，但值得一提的是，咖啡因能给你提神的同时也会引起一些婴儿烦躁不眠。因此，不管你喜欢的是咖啡、茶、含咖啡因的苏打水或是巧克力，最好控制咖啡因的总摄入量。尽管有些专家说每天最多可以喝 3 杯咖啡，但请尽量保持最低摄入量。

关于药物或草药补品，在服用它们之前要先咨询儿科医生。在医生开药前，也要告知他你正在哺乳。幸好大多数非处方止疼药，如对乙酰氨基酚（泰诺林）以及一些（适量）感冒药都是哺乳期安全用药。值得注意的是，所有减少分泌物、缓解鼻塞的药物（如减充血剂和抗组胺剂）都会抑制泌乳，尤其是定期服用时更明显。

第3章

配方奶喂养

“奶瓶有话说”

如果你无法实现母乳喂养，或是在深思熟虑后决定放弃母乳喂养，你还可以选择各种配方奶粉，它同样能给宝宝提供生长发育所需的全部营养。许多常春藤名校毕业生和成功的风险投资家也都是喝配方奶长大的，瞧瞧他们，可一点也不比吃母乳长大的人逊色。

决定是否用配方奶喂养并不难，最难的是选择哪种配方奶以及喂养方式。你可能会因为选择太多而无所适从。很多奶粉含有二十二碳六烯酸（DHA）和花生四烯酸（ARA），大部分都会添加铁，还有一些是有机奶粉或添加了益生菌。我将在本章向大家揭秘琳琅满目的婴儿配方奶粉。

配方奶粉

21. 可选择的配方奶粉太多了……怎么挑啊?

是不是希望有个简单的数学公式，一下就计算出哪种奶粉最适合你的宝宝？才没那么容易呢。不过好消息是，目前市面上的大品牌奶粉都不错，大多数宝宝都能接受所尝试的第一种奶粉。儿科医生可以帮你选择适合宝宝的奶粉。

配方奶概览

主要类型

- **牛奶蛋白配方奶粉**：建议非母乳喂养的婴儿饮用。喝牛奶蛋白配方奶粉的大部分婴儿生长发育指标都很好。
- **大豆蛋白配方奶粉**：用天然不含乳糖的大豆蛋白代替牛奶蛋白。对于素食家庭、对牛奶过敏或牛奶蛋白配方奶不耐受的婴儿来说，大豆奶粉是最佳替代品。
- **水解蛋白配方奶粉**：通常被称为低敏奶粉，专门为对普通牛奶和大豆蛋白奶过敏或严重不耐受的婴儿所配制。易消化，但价格不菲。

添加剂

- **铁**：铁对人体造血和大脑发育至关重要。含铁奶粉并不会引起便秘，这与普遍认知相反。更重要的是，低铁配方奶粉无法满足宝宝生长发育对铁的需求。
- **DHA 和 ARA**：母乳中天然含有的两种脂肪酸（脂类），对大脑和眼睛的发育非常重要。如今，大多奶粉都添加了 DHA 和 ARA。
- **益生菌**：近年来，一些婴儿奶粉还添加了益生菌，也就是类似于酸奶中的活性菌。据广告宣传，益生菌有助于更好地建立婴儿免疫系统，降低患病几率，但益生菌的风险和裨益还有待进一步研究。

- **有机奶粉**：有机奶粉是市场新宠，是不含农药、抗生素和生长激素的认证产品。但是否真的有医学价值，还需时间和更多的研究来证明。如果你热衷于买有机食品，但买无妨。请购买信誉良好的品牌，确保奶粉能提供宝宝生长发育所需的全部营养。

准备工作

- **液体奶**：顾名思义，可以给宝宝直接饮用。如果你不能或者不想带水冲奶粉，可以选用液体奶。虽然便于出行，但背着它到处跑还是很重的，而且价格更贵。
- **浓缩奶**：冲调方便，只需将等量的浓缩奶和水混合后摇匀即可。但把它装在妈咪包里背着四处去也很重，价格也比奶粉贵。
- **奶粉**：最常用，价格也最实惠，携带较轻便。调制比例是 1 勺奶粉兑 60 毫升水（译注：不同奶粉调制比例不同，请参照奶粉说明），摇匀或搅拌好就能喂了。

唐娅医生来支招

即冲即饮

用干燥的奶粉格提前装上适量奶粉放在妈咪包里，要喂宝宝时，按比例加入适量的瓶装水（译注：不同奶粉调制比例不同，请参照奶粉说明），摇匀即可，也可以用常温水冲泡。

22. 冲调奶粉的水要烧开吗?

这取决于当地的供水质量。在美国大部分地区，一般自来水不用烧开（译注：由于中国各地情况差异较大，请读者根据所在地区具体情况来定）。但在某些只提供井水的地区，建议将自来水煮沸 1 分钟消毒后再用来冲调奶粉。也可以选择外购瓶装水冲调奶粉。

另外，还要注意当地的供水中是否含氟，向儿科医生或者儿科牙医咨询宝宝对于氟的需求量。虽然氟有利于未萌出乳牙的发育，但是过量的氟也会导致健康问题，尤其是对 6 个月以内的婴儿。

23. 要加热再喂吗?

给宝宝喂常温水冲泡的奶并无大碍（就算是刚出生那天也可以），对你也更方便。如果你想加热奶或者你的妈妈坚持这么做，就加热吧，虽然没什么必要。用热奶器，用热水冲，或者把奶瓶泡在热水里都可以。千万不要用微波炉热奶，因为会加热不均，形成液体热囊，一不留神就烫着宝宝。因为奶瓶内液体温度高低不一，热完奶后一定要先将奶摇匀，并在手腕内侧滴几滴试一下温度。随着宝宝慢慢长大，可以逐渐过渡到用室温水冲奶粉。但请记住，一旦宝宝习惯了喝热奶，出门在外的时候如果无法将奶加热到理想温度就会很麻烦。即使是早产宝宝也完全能适应冷藏后的奶，所以加热与否完全取决于宝宝的习惯。

儿科医生怎么看

学步期的幼儿奶粉？

现在，很多公司都推出针对9～24个月宝宝的配方奶粉。跟普通全脂奶相比，这种配方奶粉中额外添加了维生素和营养成分。但真的有必要吗？研究报告指出，大部分情况下没这个必要。如果你的孩子饮食均衡、发育正常，1岁以后喝普通牛奶就够了。

意想不到的麻烦

24. 我的宝宝总是哭闹、爱放屁，还经常吐奶。是不是要换奶粉？

有些宝宝确实更易哭闹、放屁和吐奶。虽然没什么危险，但也挺闹心的。不少父母试遍各大品牌的奶粉，希望找到能缓解宝宝的症状那一种。可这些症状并不一定代表宝宝真的过敏，有时可能是宝宝对某类奶粉不耐受。大部分宝宝都能接受出生后喝到的第一种配方奶，但也有宝宝只认特定配方或某个牌子的配方奶。有些父母一直苦苦寻觅某种“神奇”配方奶，最后他们终于发现了一种，但其实原因只是宝宝长大了，症状也随之消失而已。

换奶粉一般没什么问题，可如果你只是想试用赠品奶粉或者优惠券上的产品，最好还是先咨询儿科医生。

25. 如何判定宝宝对牛奶蛋白配方奶过敏?

牛奶蛋白引起的过敏症状一般很明显，宝宝可能会出荨麻疹（红色斑丘疹）或湿疹、面部肿大、呕吐或呼吸困难，另一种过敏症状是出血性腹泻和体重增长缓慢。还有一些宝宝的症状可能较轻，如轻微吐奶、烦躁哭闹或大便性状异常。如果你担心宝宝对牛奶或者其他食物过敏，可以咨询儿科医生。

如果你的宝宝出现呼吸困难、面部肿大、大口呕吐或荨麻疹等症状，请立刻致电儿科医生。医生可能会推荐你转用大豆奶粉或者水解奶粉。

儿科医生怎么看

婴儿奶瓶龋

不要让宝宝含着奶瓶睡觉。如果喝奶或果汁入睡，牙齿会被奶和果汁包围，易滋生细菌，导致蛀牙。这不仅危害乳牙，还可能损害日后的恒牙。喝奶入睡还会增加宝宝耳部感染的风险。（支起奶瓶让宝宝喝，而不需要父母拿奶瓶的）奶瓶支架也不好，因为奶会源源不断流出，还可能呛着宝宝。

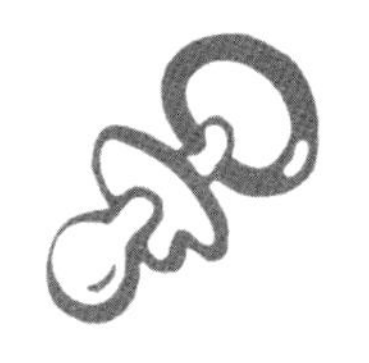  

第4章

辅食、奶及其他喂养问题

“点　菜”

如不借此机会强调合理营养的重要性，我就不是一名合格的儿科医生和母亲了。说到健康饮食，家长必须以身作则。孩子常看见家长吃什么就也会喜欢吃什么，如果你特别喜欢某种食物，他们也一样会喜欢。我就是通过示范才让我的学步期孩子喜欢上在晚餐时吃西兰花。这可绝非易事！他吃过一次烤奶酪三明治后就上瘾了，总想吃，所以，有一个星期里，家里所有的面包和奶酪都会突然“神秘地”消失，直到他完全忘记这回事。如果供孩子选择的食物都是健康的，那他饮食习惯也会健康。我的孩子们在学步期的时候每天早上都吃高纤维麦片加葡萄干，喝脱脂牛奶，外加一杯水，难以置信吧？

生命伊始

26. 需要给宝宝喂水吗?

除非儿科医生建议，否则不要给新生儿喂任何类型的水，包括糖水、电解质水（如美国市售的雅培 Pedialyte、美赞臣 Enfalyte、Liqui Lyte）和果汁，宝宝现在只需要母乳或配方奶。

宝宝在 4 ~ 6 月时开始添加辅食，吃辅食的时候可以喝点水。让宝宝习惯水的味道（而不是甜饮料的味道）可以帮他形成一个终身受益的健康生活习惯。

27. 怎么判断新生儿吃饱了?

除了注意宝宝的奶量和吃奶频率，还可以记录宝宝的体重以及排尿和排便量。出生后的两周里，母乳喂养宝宝每天要吃 8 ~ 12 次奶，每侧乳房各吸 15 ~ 20 分钟。通常，配方奶喂养的宝宝每隔 3 ~ 4 小时需要喝 30 ~ 60 毫升奶（1 ~ 2 周之后，每餐的奶量会逐渐增加）。儿科医生会密切关注宝宝的体重，因为出生后一周内，新生儿的体重可能会下降 10%。但到第二周结束时，大部分婴儿都会恢复到出生时的体重。之后，婴儿的体重通常每天会增加 30 克。5 ~ 6 个月龄时，大多数婴儿的体重是出生时的 2 倍，1 岁时达到 3 倍。

在宝宝出生后第一周，判断他是否吃饱的好办法是——记录排了多少出来。

出生天数	尿湿的纸尿裤	排便的纸尿裤
1	1 片或以上	1 次或以上
2	3 片或以上	2 次或以上
3	4 片或以上	3 次或以上
4	5 片或以上	3 次或以上

在接下来的几周里，宝宝每天应尿湿大约 5 片纸尿裤，排便3次。要注意的是，很多时候一片纸尿裤上可能既有尿也有大便。

如果你的宝宝排尿、排便的次数少于表中所列次数，或排泄情况异常，请联系儿科医生。

育儿小常识

打　嗝

在最初的几个月里，大多数宝宝需要通过打嗝排出吞咽的空气。当然，并不是每次拍嗝都能成功。如果你已经拍了 5 分钟，而且他看上去很舒服，就不要再拍了。有些宝宝喜欢在吃奶时打嗝，还有一些喜欢吃完奶后再打嗝。下面介绍几种拍嗝技巧：

1. 让宝宝坐在你的腿上，用一只手托住他，让他的身体重心向前倾。
2. 让宝宝的头靠在你的肩膀上。
3. 让宝宝俯卧在你的腿上，一只手扶住他，用另一只手轻拍抚摸他的背部。

28. 宝宝总是吐奶，这正常吗？我什么时候该担心？

吐奶是正常的，有些宝宝经常吐奶。多数情况下，刚吃完很快会吐，吐出来的还是液体。还有些时候，吃完 1 ~ 2 个小时后才吐奶，吐出的是凝结的奶瓣或者带有呕吐物的刺鼻味道。

吐奶是由于一次吃的太多或者反流引起（参见 36 ~ 37 页，问题 29）。虽然吐奶的冲击力不强，但如果宝宝头靠在你的肩膀上，吐出的奶也会喷到肩膀上并顺着背部往下流（运气好的话，秀发还能逃过一劫）。所以，买上一打口水巾，放在触手可及的地方（顺便提醒一句，配方奶形成的奶渍往往要比母乳的更难清理，所以视情况而好好保护自己吧）。吐奶也不会引起宝宝不适，实际上，吐完后他会觉得更舒服。随着宝宝长大，吐奶的情况会逐渐改善，通常到 6 ~ 12 个月，宝宝就不再吐奶了。

如果出现以下情况，请致电医生：吐奶非常剧烈（能喷到房间对面）、宝宝看起来很痛苦、呕吐物中有血色或者发绿的物质、吐奶频率或强度增加以及宝宝腹部肿胀或摸起来很硬。此外，如果宝宝体重没有增加或是尿湿和拉脏的纸尿裤数量减少，也请致电咨询儿科医生，因为这表明吃下去的已经差不多都吐了。

29. 经常在育儿杂志中看到的胃食道反流，究竟是什么意思？

胃食道反流是指胃部食物逆向流动导致的呕吐，常发生于婴儿身上。因为婴儿的食道很短，食道底部和胃上部的肌肉松弛，胃内食物很容易倒流而从嘴吐出。除了呕吐，反流有时会引起疼痛或不适。只要宝宝吃得好、体重增加正常并且无明显不适，就无需特别干预治疗食道反流。宝宝的食道会慢慢变长，肌肉也会自然变紧实，所以胃食道反流通常会在 1 岁左右自愈。同时，少食多餐，以及每次喂奶后竖抱 10 ~ 15 分钟都可以减轻症状。儿科医生可能还会建议你改变母乳或配方奶喂养的方式（如提高配方奶的浓度或者添加少量米粉）。

如果宝宝频繁呕吐或伴有下列任何症状，请咨询儿科医生。可能需要用药或化验，并做进一步治疗。

- 宝宝胃口不好或体重增加缓慢。
- 宝宝出现任何呼吸问题，如咳嗽、气阻或气喘等。
- 喂奶后宝宝不舒服，哭闹或打挺（可能并不吐奶）。
- 喷射状呕吐（真的能喷到房间对面）。

辅食那些事

30. 什么时候添加辅食？

美国儿科学会和大多数儿科医生都建议在 4 ~ 6 个月时，当宝宝准备好的时候开始添加辅食。

那么，如何知道宝宝已经准备好接受辅食？婴儿生长发育节奏各有不同，虽然在某些国家，婴儿出生没几个月后就开始添加辅食，而且并未发现明显的不良反应，但我们仍然建议不要过早添加，因为宝宝的身体还未发育成熟，确实没准备好。

首先，添加辅食时，宝宝必须能够自如控制头部，大部分婴儿 4 ~ 6 个月时才能做到。此外，他需要学会用舌头将食物从口腔前部推送到后部，这也要等到 4 ~ 6 个月。如果把少量米糊放在宝宝的舌头上后他会吐出来（挺舌反射），这就说明宝宝在生理上还没有准备好接受辅食。如果宝宝每天的奶量超过 960 毫升，可能就需要添加辅食来补充营养。这个阶段你需要观察的另一迹象是宝宝会松开乳头或推开奶瓶，寻找其他有趣的事物（或吃的），他可能还会专注地看着你吃饭。

只要宝宝满 4 个月并满足大部分标准，就可以跟儿科医生咨询如何添加辅食了。如果宝宝把食物吐了出来，那就等几天再试。

记住，可以在 4 个月儿保时向儿科医生获取关于辅食的建议。

31. 谷物、水果、蔬菜和肉，这些最好按什么顺序添加？如何添加辅食？

辅食的添加顺序并没有准则。大多数父母会很兴奋地让宝宝尝试各种食物，但我喜欢慢慢来。孩子这辈子还有很多时间吃东西，何必着急呢？大多数父母就诊时都希望能得到一些指导，所以我列出了基本准则，供你和儿科医生酌情调整。

我一般推荐先添加婴儿米粉，因为米粉口味非常温和，大多数婴儿容易接受。此外，米粉中添加了铁和其他营养成分，婴儿对米粉过敏几率也非常低。可用母乳、配方奶粉或水冲调米粉。一开始，米粉不易太稠，应该像汤一样，以能够从勺子里流出为宜，如果宝宝能接受，可以逐渐提高黏稠度。刚开始，宝宝可能每次只吃半婴儿勺，每天 1 ~ 2 次，之后可能会迅速增加到每天 2 次，每次一大汤匙的量（但还是用婴儿勺喂）。

宝宝顺利地进食米粉 4 天后，你可以尝试添加燕麦或大麦糊，或直接添加蔬菜水果。每次添加一种新的食物，至少连吃 4 天，再加下一种。这样，如果对新食物过敏，就知道宝宝到底对哪种食物过敏。如果家族中有食物过敏史或有其他过敏体质的成员（如哮喘、花粉症或湿疹等），则幼儿较易对食物过敏。

关于添加蔬菜和水果，我建议从市售 1 段（或自制稀滑糊状）橙色蔬菜开始（如胡萝卜和红薯），然后是黄色食物（如南瓜），最后尝试绿色蔬菜（如豌豆和青豆）。豌豆和青豆都属于豆科植物（又如花生），有轻微的过敏风险。等宝宝喜欢吃蔬菜后，再开始尝试一种水果，如梨或苹果（还是市售 1 段或自制稀滑糊状）。

在什么时间给宝宝喂辅食呢？刚开始，你可以选择任何一个适合宝宝日常作息的时间（如果宝宝还没有建立作息规律，建议你从现在开始）。在最初的 1 ~ 2 个月，我在接近中午时（上午 10 点左右）给我的大儿子吃燕麦，加一种蔬菜或水果，晚餐吃米粉加一种蔬菜，然后过渡到每天吃三餐。几个月之后，大多数婴儿每天都会吃三餐，最好是和家人一起用餐，这也是你的终极目标。

什么时候过渡到 2 段婴儿食品（比 1 段多颗粒的泥蓉状）？只要你的孩子已经吃遍了 1 段的食物，并且你认为他可以适应更多质地的食物，就可以开始 2 段了。如果不确定宝宝是否准备好，可以先试一下，如果宝宝还接受不了，那就停止，下周再试。在第 2 阶段，你可以给宝宝添加几种肉类。如果你自己做，可以尝试将鸡肉或火鸡肉捣碎研磨成肉泥。

对食物过敏症状包括面部肿大、皮疹或荨麻疹、呕吐、腹泻、气喘或呼吸困难。如果出现上述症状，请立即致电儿科医生。如果宝宝呼吸困难，请立刻拨打急救电话。

32. 需要特别避免哪种食物吗?

- **蜂蜜**：不要给 1 岁以内的婴儿喂食蜂蜜，因为会导致致命的婴儿肉毒杆菌中毒。与幼儿和成年人不同的是，婴儿没有能力消化掉蜂蜜中的肉毒杆菌毒素。
- **窒息风险**：整粒的坚果、葡萄、爆米花、热狗和生胡萝卜都有很高的窒息风险，所以请让婴幼儿远离这些食物以及其他碎小或坚硬的食物。
- **食物过敏**：以前的建议是，根据家族过敏史将易致敏食物，如鸡蛋、贝类、花生和坚果等，推迟到 2 ~ 3 岁再添加。虽然有待进一步研究，但目前尚无证据证明，对无过敏症状（如湿疹）的婴儿推迟添加致敏食物会对其幼童期是否对这些食物过敏产生影响。儿科医生会根据添加辅食致敏的情况给出具体建议。

食物过敏多发于有食物过敏、哮喘、花粉症和湿疹等家族病史的儿童。如果你的孩子属于这一类，请向儿科医生咨询添加致敏食物的最佳时间。

33. 需要重视学步期儿童挑食的问题吗?

一般来说，在 1 ~ 5 岁之间，儿童的体重增加会减缓，不像 1 岁以内长得那么快。也就是说，12 ~ 18 月大的孩子吃得少也属正常。他们可能表现为挑食或胃口差，很多孩子不愿意尝试新食物，甚至突然拒绝以前喜欢的食物，或者不厌其烦地吃同一种食物……我妈妈说我三岁前只就着葡萄干吃东西！可令人惊讶地是挑食并不会导致健康问题或者营养不良。

不要强迫孩子吃饭！如果你这样做，会把吃饭时间变成孩子每天最难熬的时间。有时候孩子倾向于能自己掌控选择权，而不是真正意义上的挑食。所以让孩子（至少在一定程度上）自己来控制吃什么和吃多少。你能做的就是提供有两种选择的营养正餐和零食。

孩子的喜好可能一天一变，或着一月一变。很多孩子就算只吃他们最爱的那种颜色的食物也长得很好，每种颜色都有很多健康的食物可选，所以发挥你的创意准备餐点吧。

请记住，幼儿的食量大约是成人的三分之一。不管处于哪一年龄段，他们的食量大约相当于手掌的大小。孩子在一天三餐里，可能会一餐吃得多，一餐吃得正常，还有一餐吃得少，这也很正常，最终每天摄入的食物总量达标就好。给孩子提供健康的食物，让孩子决定吃多少，这样才能避免因为吃饭引起不必要的冲突。

如果你还是搞不定挑食的小家伙，或者希望得到更多的建议，我推荐你看一下由美国儿科学会会员、医学博士劳拉·A. 嘉娜（Laura A.Jana）和美国儿科学会会员、医学博士詹妮弗·舒（Jennifer Shu）编写的《食物大战——洞察力、幽默和一瓶沙拉酱帮父母应对营养挑战（Food Fights:Winning the Nutritional Challenges of Parenthood Armed With Insight, Humor, and a Battle of Ketchup）》，这本书帮助许多父母实现了餐桌上的和谐。

什么时候该重视挑食？如果你担心孩子的生长发育或者体重增长情况，请致电儿科医生，别忘了请医生协助制定孩子的营养方案。

育儿小常识

多试几次

研究表明，孩子往往需要经过十几次尝试才会喜欢上一种新食物。当你把绿叶菜放在孩子的餐盘里时，请记住这一点，用声音和表情告诉他你也喜欢这种蔬菜——嗯……好好吃呢！他最终会吃蔬菜并可能为之着迷。研究表明，孩子小时候多吃瓜果蔬菜，长大后也会吃很多瓜果蔬菜。

儿科医生怎么看

儿童维生素

美国儿科医生学会推荐每日摄入400国际单位的维生素D，许多非处方类儿童维生素中都含有它。如果你的孩子每日饮用添加维生素D的配方奶未达到960毫升，则建议给孩子补充维生素D。请记住要把维生素D（以及所有的药物和补充剂）放在孩子接触不到的地方。

喝奶（及其他液体）的那些事

34. 什么时候以及如何从奶瓶过渡到杯子？

婴　儿

在宝宝 6 ~ 9 个月时就可以开始用鸭嘴杯或者吸管杯。刚开始宝宝可能无法马上掌握，多试几次，别放弃。最初可以用水让宝宝尝试，以免液体四溅，脏乱无比。待宝宝学会后，就可以试着用杯子喂母乳或者配方奶了。宝宝学会用鸭嘴杯或者吸管杯之后，你可以开始让他逐渐脱离奶瓶，并最终在 12 ~ 15 个月龄时直接使用水杯。

幼　儿

如果你的孩子已经超过 1 岁了，从奶瓶过渡到水杯会更难，如果他已经把奶瓶当作安抚物，则是难上加难。你可以试着慢慢戒奶瓶，在宝宝满 15 个月后，找一天把家里所有的奶瓶都收走送人。如果你的孩子懂事了，你可以提前一天提醒他并解释说你要把奶瓶送给需要奶瓶的其他小宝宝。他也许会尖叫甚至在 1 ~ 2 天内拒绝喝奶或者喝水（别担心，短时间内他不会脱水），但他很快就会忘记奶瓶并开始用鸭嘴杯或者吸管杯了。最终的目标是：在 18 个月时，让宝宝戒掉奶瓶；2 ~ 3 岁时，再从鸭嘴杯过渡到普通水杯喝水。

35. 什么时候给宝宝喝普通牛奶？如何才能让他接受？

1 岁以后用杯子喝。如果你的宝宝仍然在喝母乳，你可酌情用杯子装全脂牛奶给他喝，并逐渐断母乳。如果他喝的是配方奶，可直接换成普通全脂牛奶。很多满 1 岁的宝宝能够接受这种突然的转变。但如果你或你的孩子愿意，可以将配方奶和全脂牛奶混合饮用，再慢慢过渡到冷藏普通牛奶。理想的情景是：你的孩子可以用杯子直接喝从冰箱里拿出来的冷藏牛奶。但如果他现在仍十分迷恋奶瓶，你也可以先把全脂牛奶装在奶瓶里予以尝试，几周后再戒掉奶瓶，直接用杯子喝。

以前，一般建议 1 ~ 2 岁的孩子要喝全脂牛奶，专家认为这个年龄段的孩子需要摄入额外的脂肪帮助大脑成长发育。但最近，考虑到幼童中高发肥胖症和高脂肪饮食增加，可以给这个年龄段的孩子喝 2% 脱脂牛奶。如果你的孩子体重超标，或有肥胖症、心脏病或高血压等家族病史，可以和儿科医生商量在孩子 1 岁时用 2% 的脱脂牛奶替代全脂牛奶。对于其他幼儿，我还是坚持，喝全脂牛奶至最少 18 个月，2 岁以后再根据生长发育情况以及饮食结构，决定是否要转换为 2% 脱脂牛奶。为了实现低脂均衡饮食，大部分 2 岁以上的孩子（包括家长）都应该饮用脱脂牛奶。脱脂牛奶所含的钙和营养成分与全脂、1% 以及 2% 脱脂牛奶完全相同，却能避免人体吸收多余的脂肪（想想一块块的黄油）。

36. 我的一个学步期孩子只爱喝奶，不爱吃饭，可另一个孩子却不喝奶。奶要喝多少才好？

很多孩子不吃饭是因为仅靠喝奶就能得到足够的热量。牛奶（特别是全脂或者 2% 脱脂牛奶）饱腹感很强，也难怪孩子不想吃别的食物。这时候，把孩子每天的奶量控制在 480 毫升以内。吃饭时给孩子喝一些水，饭后再给喝奶，这样就不会一开始就喝奶喝饱了。

在大多数情况下，每天 2 ～ 3 次高钙食物就可以满足孩子的需要。幼儿每天需要约 500 毫克的钙，大概相当于 2 份（480 毫升或 2 杯）牛奶（每一杯牛奶含有约 300 毫克钙。）如果你的孩子不喝牛奶，那可以让他每天摄入 2 ～ 3 份其他高钙食物，如酸奶、奶酪、绿色蔬菜或加钙橙汁。

唐娅医生来支招

喝了这杯奶

我看到很多父母用奶瓶喂奶，而只用鸭嘴杯来喂水和果汁，等要戒掉奶瓶时，才发现孩子也不肯喝奶了。这是可以避免的。当宝宝学会用鸭嘴杯或者吸管杯后（6 ～ 9 个月左右），就可以用杯子装母乳或者配方奶给他喝了。这样宝宝会习惯用除了乳房或奶瓶以外的容器喝奶。等到孩子 1 岁左右，你打算给他喝全脂或减脂牛奶时，孩子会更易接受用杯子喝奶，从而让过渡到牛奶以及戒除奶瓶的过程变得易如反掌。

37. 什么时候可以给孩子喝果汁?

实际上，最好不给孩子喝果汁，因为婴幼儿不需要喝果汁。虽然 100% 纯果汁可能包含一些有益维生素，但也会给孩子提供多余的糖和热量。另外，水果榨汁后也损失了纤维素。最好让孩子养成喝水的习惯。你是不是认识很多不喜欢喝白水的成年人？这通常是因为他们小时候就没有习惯白水的味道。即使给孩子喝稀释的果汁也会让他养成喝甜味饮料的习惯。所以请尽可能坚持只给孩子喝奶和水。如果你选择给孩子喝果汁，请把量控制在每天 20 ~ 180 毫升。对待果汁要像对待甜点一样，只在特殊场合提供。可以试着让孩子选果汁还是甜品（比如蛋糕），他的选择也许会让你感到意外哦。

如果宝宝便秘了，就不建议这么做。这时候，儿科医生可能会建议你用高纤维饮食配以少量的西梅、苹果或梨汁。具体参见第 49 ~ 51 页，问题 39 和 40。

第5章

大 便

“大便那些事”

无论大家是否承认，从你在医院第一次换下带着一堆黑乎乎、黏乎乎便便的纸尿裤开始，到教孩子在幼儿马桶上自行排便，为人父母的头几年里大多都在跟大便较劲。大便可能是五颜六色的，排便频率和性状也因人而异。啊，闻起来还真不错！排便问题绝对是父母给我打电话问得最多的问题。他们总是担心大便是不是太硬、太软、太多、太少、或者颜色不对，反正就总觉得不对劲。我真的不记得看过多少用纸尿裤、塑料袋甚至塑料容器装的便便了。为了帮你搞清楚什么样的大便没问题，以及什么时候需要致电儿科医生，以下是比你想了解的还要多的大便那些事！

正常排便

38. 什么样的大便才算正常?

新生儿

新生儿可能已经长得像你，但他的大便可不像你的。宝宝大便的颜色、频率和黏稠度各异。在出生后的24小时内，宝宝排出都是胎便，通常比较黏稠厚重，呈棕黑色。出生几天或几周之后，母乳宝宝的大便颜色逐渐从黑色变浅为棕色、绿色直至黄色，黏稠度也逐渐变稀，从黏稠变成有小颗粒，再变成奶酪状甚至更稀。相比之下，配方奶喂养宝宝的大便更加黏稠，颜色呈浅棕色。

婴 儿

随着婴儿慢慢长大，一般每天大便次数会逐渐减少。有些可能一天拉几次，也有些可能几天才拉一次。颜色介于黄色和棕色之间，很多时候带点绿色。

幼 儿

随着辅食量的增加，幼儿大便的外形和气味会更像成人大便。颜色和黏稠度发生变化也是正常的，通常取决于孩子的饮食。如果你惊奇地在纸尿裤上发现柠檬绿的大便，那可能只是被孩子所喝的果汁染色造成的。再强调一次，请尽量让宝宝多喝水，不要喝果汁。

虽然大便颜色变化是正常的，但出现异样颜色则需要进一步观察。如在刚出生几天后，宝宝的大便仍是黑色、红色（或带血）、白色、灰白或黏土色，请联系儿科医生，并携带大便样本去做检查。

便 秘

39. 宝宝 3 天没有大便了，该怎么办？

新生儿

信不信由你，这个问题也是儿科医生最常听到的问题之一。在出生后的最初几周，新生儿应每天都排便。如果没有，请告知儿科医生。虽然排便频率偏低也是正常的，但也可能是因为摄入的奶量不够，难以形成频繁的排便。极少数情况下，会有生理障碍阻止排便，比如先天性巨结肠症，也就是婴儿的肠道末端或肛门不能正常工作。

确认身体各部位机能正常（出院回家前至少排便 1 次，几周以来能够规律饮食和排便）之后，母乳宝宝可能每 5 天排便 1 次，甚至 1 天排便 11 次都是正常的。大约 2 个月左右，宝宝的大便规律可能又会变化，通常是频次减少。配方奶喂养宝宝的排便次数往往会比母乳宝宝少一些。只要宝宝的精神好，母乳量或配方奶量正常，大便不硬，那么你就静静等待吧，宝宝总会排便的。

婴 儿

所以，总的来说，对这个问题的答案就是——不要担心！婴儿排便的次数通常比新生儿少，有些可能 1 星期 1 次（这些父母多幸运啊！）。宝宝还可能会使劲拉、哼哼唧唧或全身绷紧，这都是为了排便，而且脸也可能会憋到红得像个番茄。但只要排便松软，看到上述行为都不用紧张。只要宝宝正常饮食（如果已添加辅食），大便不硬，那就给他一些时间，慢慢来吧。如果排出的大便是较大的硬块，或者看起来像一颗颗小石头，或者已经好几天没有排便，而且看起来很不舒服，可以尝试给他喝 30 ~ 60 毫升水或西梅汁，以软化及促排大便。

如有任何疑虑，请致电儿科医生。比如孩子出现腹部鼓胀，或伴有呕吐、发烧等症状，看起来无精打采或厌食。如果健康的新生儿在出生几周内每天排便不足 1 次，或者之后 1 星期也没有排便，也请告知儿科医生。

唐娅医生来支招

美味的西梅

如果宝宝便秘，也不肯喝西梅汁或水，可以将西梅汁与母乳或配方奶混合，这样有可能更易被接受。等到宝宝开始吃辅食后，可以试试吃 1 段西梅泥。有些婴儿每天早上吃一点西梅泥就能缓解便秘症状。请与儿科医生确认是否需要添加其他食物或药物。

40. 学步期的幼儿有便秘的倾向，吃点什么可以促排便呢？

便秘常发于幼儿，而且麻烦事接踵而来。如果排便疼痛，他们会选择憋着，这又会加剧疼痛，还会影响如厕训练（参见第 122 ~ 124 页，问题 96）。治疗和预防任何年龄段的便秘问题都非常重要。以下 5 种水果和 4 种果汁都是天然泻药：

• 水果：西梅、李子、樱桃、杏、葡萄

• 果汁：西梅汁、苹果汁、杏蜜露、梨浆

我发现西梅汁的效果最好。如果你的孩子不喝西梅汁（请一定要告诉他这有多好喝），可以将1份西梅汁和2份苹果汁混合。苹果汁也很奏效，但有些孩子需要每天喝2～3杯（未稀释的原汁）才有效果，这样则会摄入过多糖份。另外，每天喝大量的水也能促排便。

像花菜和西兰花这类含有天然植物纤维的蔬菜，也有助于儿童正常排便。所以，要保证家庭日常饮食中的膳食纤维。在做煎饼、华夫饼或燕麦片的时候，可以额外添加一些燕麦麸，有些速冻华夫饼也含有燕麦麸。选择那些每份至少含3克膳食纤维的谷物和面包作为早餐。仔细阅读食品标签，你就会惊喜地发现，其实有很多健康又美味的选择。全麦面包和玉米薄饼也是不错的选择，每天两片高纤维华夫饼或饼干就可以让很多便秘的学龄前儿童恢复正常排便。如果改变饮食也不奏效，请咨询儿科医生，请他帮忙制定方案来缓解宝宝便秘。采用特制餐饮方案或服用某些非处方药也有助于排便。

腹 泻

41. 为什么每到冬季孩子就会出现严重腹泻？

轮状病毒是引起小儿腹泻最常见的原因，还有其他各种病毒也可引发腹泻。腹泻常发于冬季，很多父母把这种感染称作“肠胃型感冒”。典型的病程是在发烧和呕吐几天之后，持续腹泻一周甚至更久，排出绿色、带有恶臭的水样便。大龄儿童和成人（因为免疫力更强）可能比较幸运，只有轻微症状，但年幼的孩子可能出现严重的呕吐和腹泻。年幼的孩子更容易因轮状病毒导致腹泻脱水而入院治疗。在托儿所和幼儿园里，孩子们之间有亲密接触，细菌和病毒传播的风险更大。该如何降低家庭感染的几率呢？——你要勤洗手，同时教孩子多洗手。幸运的是，如今可以给宝宝在第 2、4、6 个月时接种轮状病毒疫苗，以预防感染。

42. 孩子腹泻时应该吃什么？

补充大量水分最为重要。可是知易行难，尤其是在孩子拉肚子的时候。如果孩子呕吐，要保持充足水分更是难上加难（参见第 59 ~ 60 页，问题 47）。

新生儿

新生儿腹泻很容易导致脱水，所以特别注意要致电儿科医生，确定腹泻的原因以及处理方法。除非医生要求，否则不要轻易暂停母乳或配方奶。医生可能会建议增加宝宝的液体摄入量，可以口服电解质补充液或者换一种配方奶，直到腹泻减缓。医生可能要求你每天或者每隔几天带宝宝去医院检查、监测体重，确保没有减重。

婴 儿

除了上述给新生儿的建议外，如果宝宝已经开始吃辅食，腹泻可能影响食欲，但只要他愿意喝奶和水就不用担心。当他想吃东西时，从最简单的米粉开始，然后慢慢添加一些耐受的食物。尽量避免喝果汁，它们只会加重腹泻。但我们终极目标是保证水分充足，如果孩子只肯喝果汁，可以试着给一些低糖果汁且尽量用水稀释。

幼 儿

如果普通牛奶导致腹泻加剧，可以尝试给孩子喝几天无乳糖牛奶。电解质饮料（如美国市售的 Pedialyte、Enfalyte 以及 LiquiLyte）可以帮孩子补充水分。避免饮用含糖饮料和果汁，因为它们只会加重腹泻，但如果你家的学步期幼儿比较倔强（很多孩子都这样），那就随他喝吧，只要能保持水分，不管喝什么都比不喝要好。只要孩子愿意，可以保持正常饮食，面包、米饭、土豆泥、香蕉或苹果酱等食物更适合不舒服的胃，也有助于缓解腹泻。

所有年龄段：在解决让你手忙脚乱的腹泻时，也不要忘记在每次换纸尿裤后涂上含氧化锌的护臀霜，以舒缓大小便对皮肤的刺激、预防尿布疹。如果还是出现了尿布疹，要继续涂敷护臀霜，并参考第 92 页的问题 72以获取更多建议。

出现下列情况时，请致电儿科医生：孩子拒绝喝水或奶、大便中含血或过多的黏液、孩子尿湿的尿片数量减少、出现呕吐或发烧、腹泻持续超过 1 周或每天腹泻超过 8 次。

43. 服用抗生素治疗耳部感染数日后，孩子排稀便。这是过敏吗？需要停药吗？

这不是药物过敏反应。腹泻和轻度腹痛是抗生素最常见的两种副作用。此外，大便变稀可能只是孩子原发疾病的症状之一。只要让孩子补充大量液体，保证不脱水，大便偏稀也不会造成任何伤害（不过你可能要对付尿布疹）。在抗生素疗程结束或病好了之后，腹泻也可能会停止。在给医生打电话之前，不要擅自停用抗生素。有些医生会建议给孩子吃活菌酸奶或益生菌来补充可能被抗生素杀灭的肠道有益菌。

出现下列情况时，请给医生打电话：呕吐、便血、每天排稀便超过 8 次或者停药后持续腹泻。此外，如果使用抗生素后持续发烧 2 ~ 3 天，请联系医生检查最开始的感染是否缓解，是否需要修改治疗方案。

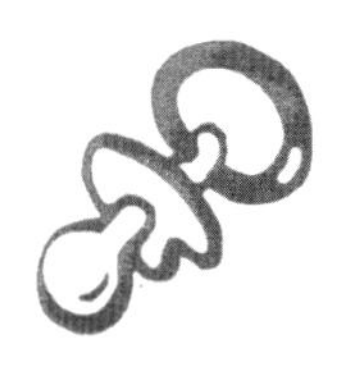

第6章

胃痛和呕吐

“妈咪，我肚子疼……”

每次肠胃型感冒的孩子来就诊后，诊所里都弥漫着一种特殊的味道。所幸并不是所有的胃痛都会引起呕吐。事实上，幼童出现腹痛非常普遍，尤其是孩子哭得稀里哗啦的时候，区分到底是严重腹痛还是零食过量引起的腹痛是个难题。孩子说疼，这当然不能掉以轻心，这一章将提供一些基本原则，帮助你分辨什么时候要重视，什么时候不必担心。

腹痛那些事

44. 学步期幼儿经常说肚子疼，可一会儿痛一会儿又不痛了，也不是特别痛的样子。我该怎么办呢？

只要不是剧痛，没有加重的趋势，也没干扰孩子的活动，你就可以先自己评估一下情况。儿科医生可能会问以下问题，你可以通过回答这些问题理清头绪、分析引起疼痛的原因：

- 痛了多久了？几天、几周、还是几个月？
- 有多痛？孩子哭闹吗？
- 哪里痛？肚脐附近还是右下腹部？
- 疼痛持续了多长时间？什么情况下会好转或加剧？
- 孩子有发烧、呕吐或腹泻等症状吗？
- 肚疼是否导致夜里醒来或者干扰日常活动？
- 是不是只在上学日发生或是一天里的某个特定时间发生？
- 胃口怎么样？
- 是否与某种食物或饮料（如奶制品）有关？吃东西后是缓解还是加剧？
- 开始如厕训练了吗？只在排便时才痛吗？
- 每天都排便吗？大便是硬还是软？形状大还是小？大便带血吗？
- 最近是否经历社会或家庭压力，或周遭环境有变吗？
- 是否有胃肠道家族病史？
- 最近有外出旅行，或接触过宠物吗？

这些都是你打电话给儿科医生时可能会被问的问题。如果你记录了从肚痛开始（甚至更早）到看医生之前孩子的日常活动，把记录带给医生看，这对诊断会有帮助。记录中应包括饮食情况、疼痛发生的时间、疼痛发生时孩子在做什么、疼痛持续多久以及最重要的是孩子大便的频率和性状。还要告知医生就诊原因（比如持续腹痛断断续续 3 个月了），医生会决定是否需要预约更久的就诊时间。

儿科医生怎么看

缓解胃痉挛

缓解肚子痉挛没什么良方。一些家长发现西甲硅油乳剂（如 Mylicon 或其他婴儿胀气滴剂）有助于缓解宝宝腹部胀气。对于婴幼儿，可通过温水沐浴缓解疼痛。是什么引起肚子疼？可能是胀气、便秘或胃部不适，也可能是肠胃病毒感染（或称为肠胃型感冒）的初始症状，接下来很可能会出现呕吐和腹泻。

如果症状持续或加重，孩子开始发烧、没有食欲或者精神不振，请咨询医生。

45. 孩子肚子疼得厉害，应该在什么时候采取措施？

婴幼儿往往不能清晰表达他们肚子痛，所以你要保持警惕，仔细观察，判断何时需要联系医生确诊病情。如出现以下紧急症状，需加强重视。

如果出现以下任何症状，请致电儿科医生或预约治疗：

- 孩子看起来病怏怏的；
- 疼痛剧烈（尤其是右下腹部）；
- 疼痛加剧；

- 疼痛持续 2 小时以上；
- 腹部肿胀、发软；
- 对喜欢的食物失去兴趣；
- 持续呕吐；
- 持续腹泻；
- 大便带血、发黑、或者看起来像葡萄果冻；
- 不痛时也无法跳跃（指学步期幼儿）；
- 不能走路或只能弯腰前行（还是指学步期幼儿）。

46. 如何判定腹痛就是阑尾炎?

有时候，即使是医生也很难诊断是阑尾炎，尤其是对年幼的孩子，这也是为什么出现上一个问题中列出的胃疼相关症状需要立刻评估的原因之一。阑尾炎的典型症状是从肚脐周围开始痛，几个小时后，疼痛会转移到右下腹，按压这里时孩子会哭或喊疼。此外，孩子可能会发烧、呕吐并且对喜欢的食物也不感兴趣。要求会走路的孩子做跳跃动作也有助于诊断。如果是阑尾炎，大多数人，无论是孩子还是成人，都会因疼痛而无法蹦跳。

患有阑尾炎的婴幼儿，尤其是 2 岁以内的孩子，并不一定如期出现症状。如果你的孩子有问题 45 中列出的任何症状或者你担心孩子患有阑尾炎，请联系儿科医生。医生需要进一步检查和测试，比如用 B 超或计算机断层扫描（CT）来辅助诊断是否阑尾炎。

呕吐和脱水

47. 孩子吐了以后，可以喂什么？

新生儿

大多新生儿呕吐实际上是由于吃得太快、太多或胃食道反流导致的剧烈吐奶（详见第 35 ~ 37 页，问题 28 和 29）。不过，如果新生儿真的吐了，就需要医生的诊断，因为这可能预示着严重疾病或者会导致严重脱水。医生可能会建议下次喂奶的时候减少奶量，看是不是依旧会出现呕吐症状。如果持续呕吐，立刻找儿科医生看诊，如果医生下班了，就带去看急诊。

如果呕吐呈喷射状（喷出几米远）、呕吐剧烈、多次呕吐或在连续喂完 2 餐（或以上）奶后仍然呕吐，就一定要联系医生了。另外，如果呕吐物中带有鲜血或暗褐色"咖啡状"物质，或者你有任何问题和疑虑，请立即联系儿科医生或去看急诊。

婴 儿

幼 儿

孩子频繁呕吐时，最好不要给他吃任何东西，等止吐后再尝试少量多次喂一些清水。刚开始可以每 10 分钟 1 茶匙。如果孩子 1 小时内没有把水吐出来，再慢慢加量。医生可能会建议你先喂电解质水，几小时后如果孩子没有再吐，会建议你尝试加少量的奶（母乳、配方奶或普通牛奶）或者孩子喜欢喝的饮料，尝试几次之后再慢慢恢复到平时的量。

很多父母易犯的错误就是一开始就让口渴的孩子一口气喝好几十毫升水，孩子因为肚子不舒服，很快又会把水吐出来。在呕吐缓解后的几小时内最好不吃辅食，只喝液体。恢复吃辅食时，也要尽量放慢节奏，从简单少量的食物开始，比如1茶匙的米糊或1块饼干，然后观察半小时，看孩子的反应。

如出现以下症状，请联系医生：即使喝下很少量液体也会呕吐、呕吐持续数小时、呕吐物中夹杂鲜血或暗褐色“咖啡状”物质或者孩子有脱水的迹象（参见第60页，问题48）。

48. 什么时候需要担心孩子脱水?

孩子生病时经常会脱水，特别是在呕吐的婴幼儿，不管有无腹泻都很快会脱水。当孩子感到不适时，为防脱水，只要孩子不吐，就要少量多次地喂水。

新生儿

新生儿发生脱水的速度很快。不要等到出现脱水时（如下所列婴幼儿脱水症状）再补水。如果新生儿呕吐、吃奶量少于平时或者尿湿的尿片或排便较少，都应该联系医生。

婴 儿

幼 儿

如出现下列症状，请联系儿科医生：即使喝下少量液体都会吐出来、持续呕吐数小时、连续腹泻数天或出现任何脱水的迹象，如尿湿尿片数量减少、乏力、没有眼泪、嘴唇和舌头干燥、囟门（头顶上的柔软部位）凹陷、烦躁不安或眼睛凹陷。

唐娅医生来支招

把水留住的秘诀

以下方法可以让孩子免受去医院输液之苦，可以给学步期幼儿按如下步骤尝试补充液体，如果中间吐了，就回到上一步。如果持续呕吐，就需要给医生打电话或去看急诊。对于小婴儿，在尝试此方法或者任何其他补水的方法之前，最好先跟儿科医生讨论。可能也会有类似的办法能够取得良好的效果，无论是什么方法（甚至是奶奶的偏方）。最终目标是从小剂量液体开始补充，使孩子接受的液体量由少变多，几小时内可以补充 120 ~ 240 毫升的液体。

- 第 1 个小时：无
- 第 2 个小时：每 10 分钟 1 茶匙（5 毫升）透明电解质水
- 第 3 个小时：每 15 分钟 2 茶匙（10 毫升）透明电解质水
- 第 4 个小时：每 20 分钟 15 毫升透明电解质水
- 第 5 个小时：每 30 分钟 30 毫升透明电解质水
- 第 6 个小时：慢慢地尝试喝平常的液体（配方奶或牛奶都可以）

第7章

发　烧

“好烫好烫”

孩子一发热，父母就慌神。“难道是？哦，天啊，发烧了！快给医生打电话！”其实，发烧本身并不是一种病，而是一种症状，或理解为疾病的副产品。如果发烧的孩子未满3个月，家长需要重视，而且任何时候打电话给医生都绝对没错。如果孩子超过3个月，体温数据可能就不那么重要了。应该重点观察孩子的状态。比如，反应正常吗？食欲好吗？睡眠如何？再次就是孩子还有哪些其他症状，比如咳嗽和呕吐。本章主要讲述发烧的相关内容和处理方案以及何时应该就医。可别嫌我啰嗦，有一点我之前一再强调，最了解孩子的人是父母，所以一旦发现有不对劲的地方，无论何时，你一定要毫不迟疑地给医生打电话。

发烧的各种问题和护理办法

儿科医生怎么看

如何判定发烧

人体正常的体温是37℃，一天之内会有变化。如果肛温达到38℃及以上，大多儿科医生会诊断为发烧。

49. 发烧的原因是什么？我何时需要给医生打电话？

发烧通常是由病毒（比如感冒或者流感）或细菌感染（比如链球菌性喉炎或耳部感染）引起。切记，发烧本身不是病，而是告诉你身体的防御系统正在对抗感染。

无论孩子有多大，如果发烧并伴有某些其他症状，应立即给医生打电话，因为这些症状会引发更严重的疾病和情况。如果孩子发烧并伴有以下症状之一，请致电医生：孩子不愿或不能喝液体、抽搐、持续哭闹、适当的药物降温后显得烦躁不安、唤醒困难、意识模糊、出皮疹、颈部僵硬、呼吸困难、持续呕吐或者腹泻、发烧持续三天以上。如果觉得孩子的确生病了或特别担心发生意外，那么无论孩子体温多少都要及时致电医生。

不同儿科医生对每个年龄段发烧的定义会略有差别，以下是一些基本原则。

新生儿

如果孩子未满3个月，且体温达到38℃或以上，应立即致电儿科医生，如果无法联系到儿科医生，则应立即前往急诊。

婴 儿

如果婴儿满3个月，且体温超过39℃，请致电医生。医生可能会询问是否伴有其他症状。如咳嗽、感冒、呕吐或腹泻等。还有可能询问孩子的总体情况，以帮助你判定是否应送孩子就医还是在家中先观察几天。

婴 儿
幼 儿

孩子满6个月，体温达到40℃及以上，一定要送医（相信你一定有此常识）。但只要孩子意识清醒、反应正常、可以喝流食，留在家中观察也可以。如果症状在2～3天内没有改善，反而继续恶化，请马上就医。

50. 我应该隔多久给孩子量一次体温？怎么量？

平时别总有事儿没事儿地给孩子测体温，真的没有必要。如果感觉孩子体温异常、食欲不振、烦躁不安或者嗜睡，应立即测量体温。出于安全起见，不要使用水银温度计。因为一旦温度计破裂，导致水银泄露，将会非常危险。

新生儿

对于新生儿来说，测肛温准确性最高，应做为首选方法。尽管在大人看来，这么做会造成孩子不适，但并不会伤害到孩子。只需在温度计末端涂抹润滑剂，如K-Y凝胶水性润滑液或石油加工的凡士林，插入肛门内1.25厘米（依照你的体温计说明书使用）。电子温度计读数快速、准确性高，一分钟内便可测出孩子体温。如果孩子发烧，体温达到38℃或以上，有时可能是严重感染的表现。大多数新生儿发高烧也不会太严重，但是这个阶段的孩子病情变化非常快，所以就算是半夜挂急诊，也要立即就医确诊。

如果新生儿（未满 3 个月）体温达到 38℃或以上，请马上致电医生。如果你担心孩子可能生病了，即便没有发烧症状，也要立即致电医生。

婴 儿

幼 儿

虽说肛温非常精准，但我们还是现实点，大一点的婴幼儿可不会乖乖躺着配合等你测量读数。对婴幼儿来说，还可以选择电子腋温计、电子耳温枪或额温枪（动脉体温计）。如果测出温度达到 38℃或以上，尤其对于婴儿来说，最好再测肛温确认一下，再致电儿科医生。测体温的时间和方式会使读数有误差，但只要告知医生体温测量方式和孩子状态即可。

儿科医生怎么看

发烧的感觉

不管有无其他症状，单纯发烧也会让孩子（大人也一样）感觉不适、行为反常。最重要的是注意观察孩子降温后的表现。如果他们还能跑来跑去、玩个不停，这是好事，说明可能没有什么大毛病。

如果孩子降温后依旧精神不振，请致电医生。

51. 孩子除了发烧没有其他症状。我需要带他去医院吗？我何时应该重视？

新生儿

如果孩子还未满3个月，体温达到38℃或以上，请立即致电医生。除了发烧，新生儿通常不会表现出其他病症，但病情变化很快，所以必须分秒必争。

婴 儿

幼 儿

对于大点的婴幼儿来说，只要精神状态好，可以多观察几天。类似幼儿急疹等病毒感染（详见第9章《皮肤》）会引起长达2～3天的发烧，但没有其他症状。退烧之后，可能出皮疹（不必担心，这很正常）。而大多数其他疾病在发烧的24小时之内会出现其他症状，如咳嗽、流鼻涕和腹泻等。病毒性发烧经常会持续最多4～5天，但是如果超过这个天数，就很可能意味着还有其他感染，需要尽快治疗。

如果孩子发烧超过3～4天却没有其他症状，请致电医生咨询。医生可能想为他做个身体检查，很有可能会化验尿液甚至是血液以确定身体某处是否有尚未显露出症状的隐性感染。

52. 我女儿发烧了，需要用药吗？

新生儿

给新生儿用退烧药前，一定要咨询医生。再次强调，未满3个月的新生儿发烧，一定要咨询医生或者直接去医院看急诊。

要记住，发烧是身体在对抗感染的表现。医生开退烧药是为了缓解孩子的不适（对于大人也是同样的）。孩子不那么难受之后，你可以给他喝流食（冰棒也行），避免因发烧造成脱水。如果孩子状态好，食欲也不错，那就没必要吃药。因为发烧本身并没什么，而且很可能会自行退烧。

按照剂量喂食对乙酰氨基酚（泰诺林）或者布洛芬（美林或艾德维尔）等退烧药。千万别给孩子服用阿司匹林，因为它会引起瑞氏综合征，损伤大脑和肝脏。布洛芬（只适用6个月以上的婴儿）的药效能持续6 ~ 8小时，而泰诺林只能持续4 ~ 6小时。两种药都是按照体重给药。如果你不确定孩子的正确用量，用药前咨询儿科医生或药剂师。为避免发生用药过量意外，要仔细阅读药品的包装标签，并每次都使用该药品自带的滴管或量杯。

提示：婴幼儿的配方药浓度不同（详见第69页的用量表）。例如，2岁幼儿一次服用1茶匙（5毫升）的儿童用对乙酰氨基酚，但是婴儿一次只需服用2滴管（滴管的最上线）或1.6毫升的对乙酰氨基酚。也就是说，婴儿的服用剂量还不到幼儿的1/3。

如果退烧后，孩子仍精神不振，或者用药需要超过4天，请致电儿科医生。

对乙酰氨基酚（泰诺林）用量表

儿童体重 / 年龄范围	婴儿浓缩滴剂（80 毫克 /0.8 毫升）	儿童悬液（160 毫克 /5 毫升）5 毫升 =1 茶匙
2.7 ~ 5.0 千克 / 0 ~ 5 个月	0.4 毫升	
5.4 ~ 7.7 千克 / 6 ~ 11 个月	0.8 毫升	1/2 茶匙或 2.5 毫升
8.1 ~ 10.3 千克 / 12 ~ 23 个月	1.2 毫升（0.8 毫升 + 0.4 毫升）	3/4 茶匙或 3.75 毫升
10.8 ~ 15.8 千克 / 2 ~ 3 岁	1.6 毫升（0.8 毫升 + 0.8 毫升）	1 茶匙或 5 毫升

可按需每隔 4 ~ 6 小时喂一次对乙酰氨基酚，24 小时内最多 5 次。

布洛芬（美林或艾德维尔）用量表

儿童体重 / 年龄范围	婴儿浓缩滴剂（50 毫克 /1.25 毫升）	儿童悬液（100 毫克 /5 毫升）5 毫升 =1 茶匙
2.7 ~ 5.0 千克 / 0 ~ 5 个月	不可用	不可用
5.4 ~ 7.7 千克 / 6 ~ 11 个月	1.25 毫升	1/2 茶匙或 2.5 毫升
8.1 ~ 10.3 千克 / 12 ~ 23 个月	1.875 毫升（1.25 毫升 + 0.625 毫升）	3/4 茶匙或 3.75 毫升
10.8 ~ 15.8 千克 / 2 ~ 3 岁	2.50 毫升（1.25 毫升 + 1.25 毫升）	1 茶匙或 5 毫升

可按需每隔 6 ~ 8 小时喂一次布洛芬，24 小时内最多 4 次。

唐娅医生来支招

如何避免误用药物

- 仔细阅读药品说明标签；
- 一定使用药品自带的滴管或量杯；
- 如果不确定孩子的剂量，用药前咨询儿科医生；
- 记录用药时间和剂量；
- 无医嘱时，不要和其他药物同时服用；
- 请将药品放置在儿童接触不到的地方；
- 确保儿童看护者了解用药剂量和给药时间。

导致发烧的其他原因

53. 出牙会导致发烧吗？

虽然许多家长有时会发现孩子发热或低烧，但是出牙并不是造成发烧的直接原因。如果孩子出牙时发烧，很可能是其他原因导致的，比如感冒或者其他隐性疾病。即使没有发烧，出牙的过程也很不舒服，小牙们努力地破床而出，会让孩子流口水、烦躁不安，那滋味儿真不好受。对于婴幼儿来说，可以使用适量的对乙酰氨基酚，并让孩子咬冷藏后的牙胶（对于会走路的孩子，也可以给冰棒），来缓解出牙的不适。根据体温高低，和孩子状态的判断，你可以选择观察孩子 1 ~ 2 天，或者直接咨询医生。

54. 孩子接种疫苗后发烧了，我该担心吗？

疫苗可预防孩子感染危险疾病和致命疾病。一般来说，疫苗的安全性较高，且很少引起激烈反应。轻微反应包括低烧和烦躁，但会很快消失。接种疫苗后，针眼部位可能会出现红肿或不适。还有一种疫苗常见的副作用是针眼部位皮肤下会有豌豆大小的肿块。这没什么大碍，肿块会在几星期以内自行消失。

新生儿

新生儿接种疫苗后，可能出现发烧症状，此时应迅速就医。未满3个月的婴儿出现的任何发烧都需要进行诊断。

婴 儿

幼 儿

一些婴幼儿也会在接种疫苗后发烧。如果只是轻微发热而无其他症状就不必担心。如果体温超过38℃或者孩子看起来状态不佳，则可以给他服用适量的儿童用对乙酰氨基酚。儿科医生可能会推荐孩子下次注射疫苗前服用对乙酰氨基酚，或在注射后24小时根据需要服用。

切记，如果新生儿体温达到或超过38℃，一定要致电儿科医生；如果婴幼儿持续发烧24小时以上，或体温超过39℃，致电儿科医生。如发生其他极为罕见的副作用，如全身红疹、抽搐、针眼附近大面积肿胀或针眼红肿、持续哭闹达3小时以上或极度昏睡，也要致电儿科医生。

55. 发高烧会烧坏脑子吗？

发烧会烧坏脑子只是民间传闻。由感染引起的发烧不会导致脑部损伤，只有体温达到 42.2℃以上，才会造成脑部损伤。脑部损伤一般发生在超高温情况下，比如大热天被困在汽车里，而类似感冒或耳部感染等普通疾病引起的发烧不会造成脑损伤。所以，千万别把孩子一个人留在车里。

56. 我的孩子刚刚抽搐了，被送到急诊室。医生检查后告诉我们是热性惊厥（高温惊厥）。这是什么病？

热性惊厥是由体温升高引起的抽搐。在 6 个月 ~ 5 岁的孩子中的发病率不到 5%。体温特别快速增加时，易发此病。事实上，许多家长将孩子送至儿科医生处或急诊室的时候只关注孩子抽搐，并没留意孩子发烧了，直到医生测量了体温，他们才知道孩子在发烧。

尽管热性惊厥会让家长惊慌失措，但也没那么可怕，甚至几分钟之内就会停止。这不会造成脑部损伤，也不会影响孩子将来的智力或行为。出现过热性惊厥的孩子将来也不一定会得癫痫病。发过热性惊厥的孩子中有 1/3 会再次发作，特别是有家族史的孩子再次发作可能性更大。如果孩子出现过热性惊厥，要多咨询医生。医生可能会建议在发病期间持续使用退烧药。

虽然这建议有点废话：孩子第一次发作热性惊厥时，一定要在第一时间联系儿科医生进行全面检查。如果孩子之前发作过热性惊厥，一定要咨询医生以下问题：以后再次高烧或惊厥时，应该如何处理；当情况与上次不同时，是否应该再次致电咨询？

第 8 章

疾 病

“爸爸，我不舒服”

学步期的幼儿总是反反复复地咳嗽、流鼻涕。好不容易熬到病快好了，回幼儿园上课或参加个生日派对，几天以后，又因为新的病在家休养了。幸好孩子从小接种过疫苗，可以避免潜在危险和致命感染，而他们平常小病小痛也能很快自愈（不过很可能会传染给家里的其他人）。

家里有个病孩可真不好玩（相信我，我深有感触啊），特别是孩子专挑重要工作会议或者家庭出游前生病，简直是苦不堪言。所以，我们最困惑的是，什么时候需要观察等待，什么时候该打电话，什么时候又应立刻就医？以下是父母和看护人经常问的最常见的疾病问题。

突发疾病

57. 我怎样才能知道孩子是不是病了？

新生儿

婴 儿

孩子还不会说话时，不能表达他不舒服，但是他们会通过异常行为告诉你。有些改变很轻微，有些很明显。但只要孩子的行为习惯和平日有所不同，你就应该知道这不对劲。可能你会发现，他喝水少了、哭闹多了、睡眠变多或变少、呼吸急促、发烧或者就是看起来很不对劲。婴儿更容易受到感染，且病情变化较快，所以一旦观察到有什么不寻常的地方，立刻给医生打电话。相信自己的直觉，你是最了解孩子的人，所以如果你觉得有什么地方看起来不对劲，一定要告诉医生。

如果新生儿体温达到或超过38℃，要立刻咨询医生（有关测量体温的方式等内容和说明详见第7章《发烧》）。如果孩子出现以下症状：极度烦躁、持续哭闹、食欲不振、极度嗜睡、呼吸急促、尿湿尿片的数量减少、呕吐、进食时出汗或者皮肤特别是嘴巴周围发青等，也要致电儿科医生。

58. 为什么孩子总是看上去病怏怏的？他的免疫系统是不是出问题了？

健康的孩子（免疫系统正常的孩子），特别是在托儿所和幼儿园上学的孩子，每年大约有 10 次染病的几率。夏天是低发期，但到了冬天，每 2 ~ 3 周就会又带回家一种新病毒。大多数常见疾病（比如咳嗽和感冒）是由病毒感染的，会自行好转。孩子会被朋友或同学传染，因为这些病毒在任何表面可以存活数小时，且易在人群之间传播扩散。

通常孩子在表现出症状以前，就已经可以传染他人了。所以即便看起来很正常的孩子，其实已经具有传染性。孩子时常这么病，会让你头疼不已，但是他的免疫系统不会有太大问题。如果免疫系统真的有问题的话，孩子会反复发生异常感染（可不是普通的感冒或咳嗽），比如严重的肺炎、皮肤脓肿或脑膜炎（大脑和脊髓附近被感染），而这些都需入院治疗。

如果婴幼儿因重度感染多次住院接受抗生素治疗，请咨询儿科医生是否需要进行特殊化验。

唐娅医生来支招

让孩子远离细菌

玩耍进屋后、饭前以及入厕后都要让孩子洗手。在没有肥皂和水的情况下，可以随身携带免洗洗手液（可以购买到乳液状的）或湿纸巾。

59. 如果我的孩子感冒了，可以给他吃非处方感冒药吗?

一般不推荐给婴幼儿服用非处方咳嗽和感冒药。因为这些药品疗效未经证实，而且服药后可能会感到不适或出现副作用。祖传偏方、草药治疗和补充剂可能含有有害成分，所以在给孩子用药前，千万要向医生咨询。

如果孩子得了感冒，最好先缓解孩子鼻塞，让他能在呼吸和喝水时没那么难受。往每个鼻孔滴入鼻用生理盐水有助于稀释和排除黏液。如果鼻塞严重到影响睡觉和吃饭，你可以轻轻地把鼻涕吸出来。孩子不喜欢被吸鼻子，但鼻涕吸出来后他会觉得舒服一些。晚上也可以使用冷雾加湿器或雾化器。请查阅第 10 ~ 11 页问题7有关缓解鼻子堵塞和吸出鼻涕的方法。另外，一旦孩子生病，一定让他多喝水。

如果发生以下情况，请致电咨询儿科医生或预约医生给孩子做检查。

新生儿

新生儿的感冒症状影响进食或睡眠，出现呼吸困难或者发烧。

婴　儿

发烧持续 3 ~ 4 天以上，感冒症状持续 5 ~ 7 天以上没有好转，出现呼吸急促或呼吸困难。

幼　儿

幼儿感冒症状（比如咳嗽和流涕）持续 1 周以上属于正常。如果 5 ~ 7 天后症状看上去恶化或者入睡困难，请咨询医生。此外，孩子发烧超过 4 天或者患感冒数天后又开始发烧，也要及时就医。

眼耳鼻口的那些事

60. 我的孩子一觉醒来，眼睛发红并且有绿色分泌物。这是红眼病吗？我需要给他用眼药水吗？他什么时候可以回学校上课？

新生儿

婴　儿

红眼病（急性结膜炎）是一种类似感冒的疾病，但只发作于眼睛。红眼病传染性极强，孩子之间容易互相传染，因为孩子喜欢用被污染的手揉眼睛。如果是病毒性感染，可自愈，如果是细菌性感染，就需要用抗生素眼药治疗。如果孩子眼睛有黄、绿色分泌物，特别是早上醒来时粘在眼睑上，可以直接判定为细菌性感染，需要接受抗生素治疗。如果只是出现眼部发红的症状，没有分泌物或有透明分泌物，可以先观察一段时间，这种情况应该在几天之内好转。如果孩子还同时出现感冒症状或者发烧、感觉不舒服或者表现异常，请及时就医，因为眼部感染可能伴随着耳朵或鼻窦感染。在眼部用药24小时或者眼睛分泌物恢复正常后，孩子就能正常上学了。

致电向医生说明孩子症状，再决定是否需要送医或者开处方药。

61. 我的孩子感冒了，而且一直用力扯耳朵。这是不是耳部感染？需要使用抗生素吗？

通常来说，不能通过扯耳朵来判定耳部是否受到感染。但是，如果孩子在此之前感冒了几天，现在又有发烧、烦躁不安、频繁夜醒或食欲不振，此时应该考虑检查耳朵。即使他以前有过耳部感染检查或者昨天因为感冒刚检查过，还是要仔细检查一遍。因为耳部感染就是一夜之间的事儿，同一天内耳部检查的结果可能会变化很大。耳部检查非常重要，它可以帮助医生决定是否需要使用以及使用哪种抗生素。并不是所有的耳部感染都需要使用抗生素。有一些是病毒性感染，可以自愈。儿科医生会根据孩子的年龄段、其他症状（发烧、疼痛状况）以及检查结果来确定治疗方案，看看到底是使用抗生素还是继续观察。如果确定先观察，医生会告诉你，一旦孩子出现发烧、疼痛或者又出现其他症状或现有症状加重，要及时打电话或者进行治疗。无论采取什么方案，医生会建议你几天之后或疗程完成后带孩子来医院复查耳部，以确认感染是否痊愈及是否有残留液。

有些孩子确实更容易发生耳部感染。已经确认的会增加孩子患耳部感染几率的一些因素包括：吃着奶瓶入睡、上托儿所及吸入二手烟等。怎样才能降低孩子耳部感染的风险?如果可能,尽量避开上述危险因素。另外,母乳喂养的孩子患耳部感染的几率相对较低——又一个母乳喂养的理由!

儿科医生怎么看

中耳感染和外耳感染

中耳感染:中耳炎

中耳炎是由鼓膜后的液体受到感染后引发,多发于孩子感冒时。

外耳感染:外耳炎(游泳性耳炎)

外耳炎由耳道内壁感染引发。通常是由水灌入耳朵或者外伤(比如棉签划伤)后滋生细菌导致。外耳感染后异常疼痛,尤其是触碰或扯耳朵时。可以使用抗生素滴耳液进行治疗。

62. 我的孩子总是反复耳部感染?需要给他插耳管吗?

有可能需要。耳管(均压管,有时被称为鼓膜切开术或鼓膜造孔插管)可以治疗或者很大程度缓解耳部感染——它给你和孩子的生活带来的改变会让你大吃一惊。如果孩子有以下症状,儿科医生可能会建议你找专科医师插耳管:

- 6个月之内发生了3 ~ 4次耳部感染或12个月之内发生过4 ~ 6次;
- 已连续使用3次抗生素治疗1次耳部感染;
- 鼓膜后流液持续3个月;

- 听力损失或语言发育迟缓。

这种手术很常见很简单，只需要将小管（类似小吸管）放置到鼓膜里，让空气流入其后，将液体排出。管子一段时间后会自然脱落，鼓膜也会自动愈合。

63. 我的孩子发烧，不喝水，我觉得他的喉咙或口腔疼。这是什么病?

有很多种感染可以造成孩子喉咙疼或口腔疼，3 岁以下的孩子大多数是因为病毒感染，1 周左右会痊愈。如果出现这种情况，最重要的事是让孩子摄入足够的水份，只要是他喜欢喝的，喝什么都行。一些孩子需要小小鼓励，但大部分孩子都能被哄着用吸管喝一些水。冰棒也很管用！儿科医生可能建议用对乙酰氨基酚或者布洛芬缓解疼痛。

下面是最常见的咽喉痛或口腔疾病：

- **手足口病**：除持续发烧数天及口腔疼痛外，在手部和足部，有时也会在臀部发现水泡状皮疹。出疹部位很敏感，特别是在足底，所以孩子可能不愿走路。幸运的是，不适感很快会消失，出疹部位也不用敷药。这些症状均由可萨奇病毒引起，会自行愈合。儿科医生可能会建议用对乙酰氨基酚或者布洛芬缓解不适。

- **咽喉痛和红眼病**：也是病毒引起的，准确地说是腺病毒。症状包括喉咙发红，甚至可能有脓胞。此病不同于链球菌性喉炎（细菌性感染），因此不需要使用抗生素。该种病毒还会造成眼白发红，有时伴有黏性分泌物，这无需治疗，会自愈。

- **大范围口腔溃疡**：虽然有多种病毒会造成口腔和咽喉白色溃疡，但如果孩子的口腔和舌头出现大范围溃疡且非常痛苦，则可能是常见的儿童疱疹病毒感染。一些情况下，医生会使用抗病毒药物和强力止疼药。鼓励孩子喝水非常重要，但不管你如何努力，有些孩子可能还是会因为疼痛而拒绝喝水，这种情况下则需要住院进行静脉输液治疗。

- **链球菌性喉炎**：该病不常发于婴幼儿，除非家里有人感染。该病没有咳嗽、流涕等感冒症状，却会引起发烧和咽喉痛。婴幼儿还会伴有胃痛、头痛、呕吐或皮疹。出皮疹的链球菌性喉炎被称为猩红热。虽然听起来很可怕，但是治疗方法和常规的链球菌性喉炎没有什么区别，使用同类抗生素治疗即可。让家里老人大可放心，有了抗生素治疗感染，猩红热不再像多年前那么可怕了。

新生儿

如前所述，一旦新生儿出现发烧、饮水量少、连续2次或以上拒绝喝奶或看起来不舒服，应立刻致电儿科医生或带孩子去就诊。

婴 儿 幼 儿

如果孩子发烧持续3天以上，喝水太少，或者看起来很不舒服，要致电医生或去就诊。

64. 我的孩子有绿色鼻涕，需要给她用抗生素吗？

不管你的妈妈传授了什么经验，绿色鼻涕不是使用抗生素的标准。很多病毒（普通感冒也会）造成绿色鼻涕，且可以自愈。如果孩子持续流清鼻涕1周或2周之后鼻涕变绿，或者出现发烧，又或者他看上去很痛苦（如烦躁、易怒），应立即带孩子就医，因为他可能出现鼻窦或耳部感染。请不要通过电话让医生开具抗生素，必须先做检查确诊，再制定治疗方案。

咳嗽和气喘

65. 我的孩子感冒时伴有咳嗽和气喘，这可能是哮喘吗？

有可能。感冒（又称上呼吸道感染）是造成婴幼儿气喘的主要原因。孩子的气管细小，一旦感染就容易诱发炎症而变窄。内科医生会将持续发作或者在数月或数年内反复发作的气喘诊断为哮喘。无论叫法如何，哮喘药物确实有助于治疗孩子的气喘、改善孩子呼吸以及预防再次发生。通过雾化器或吸入器注入支气管扩张剂（如沙丁胺醇或左旋沙丁胺醇）有利于疏通气管，让孩子在发病期间呼吸恢复顺畅。可能需要口服数日类固醇药物来减轻孩子肺部炎症和减少黏液。此外，孩子可能还需要日常药物治疗（可以吸入或口服）以保护气管、避免长期哮喘，或至少可以避免在冬天流行感冒盛行时复发。随着孩子年龄增长，气管增大，这个问题可能好转。但如果有哮喘病、过敏症或湿疹的家族病史，那孩子的症状极有可能延续，而他将被正式确诊为哮喘病。

如果你认为孩子有气喘，请告知医生。医生会为孩子听肺音，做适当治疗。

66.RSV是什么？我的孩子会有危险吗？

RSV是呼吸道合胞体病毒。年长些的孩子或成人感染此病毒会得感冒，流涕不止且鼻涕黏稠（正如你几乎每年冬天都会遭遇的那样）。年幼的孩子的感染症状，轻则有轻微感冒症状，重则有严重肺部感染。轻重程度取决于孩子的年龄和病史（比如早产、心脏病或肺病）。冬季是呼吸道合胞病毒的多发季节。

新生儿

婴 儿

新生儿及婴儿感染此病毒后会转移至肺部，造成支气管炎，即肺部细小气管的发炎和感染。它还可能造成严重呼吸困难和气喘，特别是对于早产儿或有心脏或肺部疾病的婴儿。对于这些高危婴儿，注射帕立珠单抗可以保护他们免受呼吸道合胞病毒感染。当呼吸道合胞病毒流行时，可以在10月至次年4月间每月注射一次。向儿科医生咨询你的孩子是否符合注射条件。药物不能治愈呼吸道合胞病毒，只能采取缓解症状的措施，比如吸出鼻腔堵塞物。通常用于治疗由哮喘引起的气喘药物也很难治疗呼吸道合胞病毒引起的气喘。如果婴儿出现呼吸困难，那么需要住院吸氧、进行呼吸治疗或输液。

如果婴儿出现感冒症状且呼吸急促（每分钟60次以上）、气喘、三凹征（每一次吸气时，胸骨上窝、锁骨上窝和肋间隙皮肤凹陷）或者饮食不正常，或入睡困难，请立即致电医生。

大多感染呼吸道合胞病毒的学步期幼儿会流鼻涕。尽管有些可能发展为支气管炎（如上页针对新生儿和婴儿的内容中提到的），但是在医生检查之后，就可以带回家照顾了。因为呼吸道合胞病毒是一种病毒，只要没有伴随呼吸困难，是会自愈的。但是它极具传染性，所以不要让你的孩子接触新生儿，并帮助他勤洗手。

当孩子出现气喘和呼吸困难时，请致电儿科医生。

67. 孩子咳嗽很严重？需要带他就医吗？我怎样才能知道他是否得了肺炎？

许多咳嗽是由感冒后鼻涕倒流造成，而不是肺炎等肺部感染的结果。那么两者怎样区分呢？通常，如果孩子流鼻涕，并且在两阵咳嗽之间的情况良好，可以选择在家观察一段时间。咳嗽可能持续几周时间，但一般 4 ~ 5 天后情况就会稳定下来。如果孩子开始呼吸急促，或者 1 周之后咳嗽没有好转或反而加重，或者开始发烧，一定要带孩子去就医。因为有时可能会发展成严重的感染，比如肺炎，则可能需要用抗生素进行治疗。

当孩子出现呼吸困难症状，如气喘、三凹征（每一次吸气时，胸骨上窝、锁骨上窝和肋间隙皮肤凹陷）、胃部伴随每一次呼吸上下起伏或者胸腔疼痛，立即致电医生。此外，咳嗽影响到孩子睡眠或引发高烧时，要带孩子去医院就诊。

儿科医生怎么看

流行性感冒（就是流感）

许多家长一听到流感这个词，立刻会联想到呕吐和腹泻。真正的流感是呼吸系统疾病，而不是胃部的毛病。流感的症状包括高烧（通常体温超过39℃）、全身酸痛、喉咙痛、流涕、咳嗽和极度疲劳。对于一个健康的，没有其他疾病的人来说，流感可能是让人感觉最差的病。流感症状要持续大约1周时间，但一些孩子的病情会更严重需要就医。不幸的是，流感每年仍然会夺去成千上万人的性命。

接种疫苗是让家人避免流感的最好方法。建议满6个月以上的孩子每年接种一次。接种方式包括注射针剂或者鼻腔喷雾，鼻腔喷雾近年来被证实对2周岁以上的孩子有效。对了，你不会因为注射疫苗而得流感。

如果你觉得家里有人得了流感，应立刻去见儿科医生。某些情况下，医生会为你开抗病毒类药物来减轻流感症状，同时也能降低家中其他成员被传染的几率。

68. 我的孩子昨晚被一阵可怕的咳嗽吼声震醒，像海豹的声音，这是怎么回事？

通常，听到类似海豹吼叫就是哮吼。哮吼是一种病毒感染，由上呼吸道、喉头及气管（不是肺）肿胀造成。它表现为一种独特的吼音、像海豹声的咳嗽以及声音嘶哑。如果是年长些的孩子和成人患病，通常只是大声咳嗽、声音沙哑或只是表现出感冒症状。因为这是病毒感染造成的，抗生素没有效果。

对于新生儿和婴幼儿来说，有时候炎症可以严重到引发喘鸣——孩子呼吸时可以听到刺耳的声音，有时伴有呼吸困难。因为发病第 2、3 晚会变得更严重，因此即便孩子第二天感觉好转了，也要跟医生咨询，看是否需要治疗。

带孩子到室外待上 20 分钟，呼吸一下夜晚的冷空气或者在充满蒸气的浴室里待一会儿，都会缓解喘鸣。孩子睡觉时打开加湿器或喷雾器，也是不错的方法。

如果喘鸣没有缓解、变得更严重或者孩子出现呼吸困难、吞咽困难或流口水的症状，一定要马上致电医生、到医院急诊或者拨打急救电话。孩子可能需要接受喘鸣药物治疗或特殊吸入治疗，以消除炎症、缓解呼吸困难。

儿科医生怎么看

夜咳让你彻夜不眠吗?

没有发烧或其他症状的单纯夜间咳嗽可能不是感染。咳嗽，特别是夜间咳嗽，是哮喘的常见特征。在平躺时，咳嗽同样可能由过敏或感染（感冒或鼻窦炎）引起鼻腔或鼻窦中的液体倒流入喉咙造成。医生可以通过了解病史和全面检查来确定咳嗽的原因，并提供需要的治疗。

重返集体生活

69. 孩子感冒好了，什么时候可以重新回到托儿所或幼儿园，或者参加生日派对和其他活动？

一般来说，孩子退烧24小时后若感觉良好，就可以和其他小朋友玩儿了。如果孩子因任何原因接受抗生素治疗，那么他至少需要等到用药24小时后才能重新回到集体当中。如果孩子有呕吐、剧烈腹泻或严重咳嗽，显然他应当在家静养，同其他小朋友隔离，直到症状被控制住。通常让家长犹豫不决的，是孩子症状轻微（比如轻微咳嗽和流涕）。当然你的孩子你做主，但在带孩子出去玩前，先换位思考一下："如果是别的孩子有这些症状，我会愿意自己的孩子和他玩吗？"也可以咨询一下托儿所或幼儿园，看看他们是否有关于生病的小朋友什么时候可以重新上学的规定。

疫 苗

70. 有关疫苗的信息无处不在，让人应接不暇，哪些是我应该了解的？

多亏疫苗的保护，很多之前对孩子致命或致残的疾病，现在在美国已经很少见了。但这些疾病只是发病率降低了，还并没有被彻底根除。这些病原体离我们只有一个航班的距离，伺机等待，准备一旦没有人接种疫苗时，就大举反攻。我见过一些因为严重疾病而永久致残甚至死亡的孩子，他们感染的脑膜炎、天花或百日咳等这些疾病，原本都是可以通过疫苗预防的。通过接种疫苗，不仅可以保护自己的孩子免遭伤害，也可以保护身边其他高危易感人群，比如，新生儿、接受化疗的人以及老年人。

疫苗虽然很安全，但也会有一些小的副作用。某些疫苗接种后 1 ~ 2 天之内，孩子可能会觉得打针的地方有点疼、低烧、焦躁或者睡得更久一些（这个副作用不错）。儿科医生可能会建议在疫苗接种前或当天晚些时候，给孩子吃一点对乙酰氨基酚或者布洛芬（6 个月以上的孩子）来缓解不适。注射疫苗后另一个常见的副作用就是在注射位置出现豌豆大小的肿块。这不会有什么危险，接下来几周内就会消肿。

相比患这些严重疾病的风险，接种疫苗后产生严重副作用的风险非常低。无数医学研究表明，疫苗是安全的，不会导致自闭症或其他儿童疾病。许多父母会关注硫柳汞——一种含汞的防腐剂。需要知道的是，出于谨慎考虑，2001 年就已经停止在儿童疫苗里使用这种防腐剂了。所以，现在孩子所接种的疫苗里不含这种物质。

如果孩子接种疫苗后出现以下症状，要致电医生：发烧超过 24 小时或体温超过 39.4℃、哭闹时间超过 3 小时且无法安抚、极度嗜睡、周身出疹、抽搐、或者针眼附近或注射的肢体出现大面积肿胀。

了解更多有关疫苗的情况可以咨询儿科医生，也可以登录美国儿科学会和疾病防控中心网站（分别为 www.aap.org 和 www.cdc.gov）。

第9章

皮 肤

“皮肤上的情报”

浸泡在羊水里长达9个月后（有点像超长的温泉假期），你一定期望宝宝有光滑、柔软和干净的皮肤。事实上，有些宝宝是这样的，更多则不是。宝宝们在出生后大约1年的时间里，皮肤可能会干燥开裂，甚至还会长各种包和斑点。虽然这些皮疹很多会自行消退，但是在宝宝出生后的头几年里，还会有其他皮肤问题络绎不绝地出现，有些是由气候干燥或使用刺激性的肥皂造成的，有些是因为和小伙伴或兄弟姐妹接触而感染病毒，还有一些则原因不明。

虽然长红斑不会影响到孩子的健康，但这些皮疹对于父母和看护人来说，却是个让人头疼的事情。以下问题和答案可以帮助你处理常见于孩子身上的红斑和皮肤干燥等问题。但是，皮疹问题最好还是用照片来辅助说明情况，所以如果需要给这些红斑拍照片或者直接去医生办公室问个清楚，也没什么奇怪的。

黄　疸

71. 我的新生宝宝皮肤发黄，我妈妈说这是黄疸？这是什么病？我应该担心吗？

新生儿

你妈妈说得没错。皮肤呈现黄色是黄疸的症状，这在新生儿中很常见。发病过程是从脸部的皮肤开始发黄，慢慢蔓延全身。对于一个健康的新生儿，发病的第4、5天是最严重的，之后黄疸开始消退，而脸部皮肤和眼白上的黄色还需要1～2周才能褪尽。

大多数新生儿都会偏黄，只不过有些宝宝看起来更明显些，这个消息可能会让你安心。新生儿黄疸源于血红细胞遭到破坏，这原本是在所有婴儿身体中都会发生的正常过程，在这个过程中产生胆红素。胆红素形成于肝脏，要从肠道排泄出来（以大便的形式）。因为这个排出过程非常不成熟，有些婴儿排出的速度跟不上，多余的胆红素便残留在血液中，然后呈现在皮肤上，造成皮肤发黄。

虽然黄疸在新生儿中极为常见，但它有时也提示严重的疾病。所以，如果孩子皮肤看起来发黄，要告知医生，这很重要。除了要讲述病史和做全身检查，还要给孩子验血和做皮肤测试，以判断他的胆红素水平，医生会根据检查结果建议你做必要的治疗。

黄疸最常见的原因是母乳性黄疸，通常发生在婴儿出生后的第1个星期，这期间他喝不到足够的母乳，因为妈妈还没有产出足够的母乳，或者是他还没有掌握喝奶的技巧。儿科医生会建议你增加哺乳次数或者适当补充配方奶，以保证孩子喝到足够的奶量，这样才能通过足量的排便把胆红素带出体外。

温馨提示：婴儿吃得越多拉得越多，就越能清除体内的胆红素，黄疸也能消退得更快。

如果婴儿皮肤开始变黄，一定要通知医生评估病情，并在需要时检查胆红素水平。有些时候，补充母乳以外的液体或采用特殊光照治疗也有助于缓解新生儿胆红素水平过高的症状。

婴 儿

幼 儿

新生儿期（初生的几周）之后，如果黄疸仍然存在，则属于异常现象，需要立刻告知医生做检查，因为此时的黄疸可能是由感染或肝病所致。如果婴幼儿的皮肤呈现出黄色或橙色，但是眼白颜色正常，那就大可放心，因为出现这种症状可能是因为吃了太多含有胡萝卜素的食物，比如胡萝卜、甘薯或南瓜。此时，你会发现孩子手掌、足底和面部（特别是鼻尖）会略黄于身体其他部位。除了需要用绿色蔬菜取代一部分黄色和橙色蔬菜，其他方面真的不需要改变什么。

如果婴儿和学步期幼儿确实有黄疸（皮肤和眼白都变黄），请致电儿科医生。

皮　疹

72. 哪一种护臀霜能最有效地治疗尿布疹?

使用什么样的护臀霜取决于宝宝得了什么样的尿布疹。出生后最初1周,新生儿得尿布疹的原因通常是没有保持尿布干燥,皮肤受到刺激。使用含氧化锌的隔离霜(如美国市售的Desitin或Balmex)能很好地将宝宝娇嫩的皮肤和刺激物有效隔离。甚至薄薄一层矿物油(凡士林、优色林Aquaphor和维生素A+D软膏都含有这种物质)也能很好地预防新生儿常见皮疹(而且能帮助你轻而易举地将宝宝屁股上的便便擦干净!)。如果宝宝的皮疹呈亮粉红色凸起,有时会刺痛,通常附近会有小肿块,那么他可能被酵母菌感染,这种情况需要使用酵母菌霜(参见93页,问题73)。如果使用护臀霜后数日内症状没有改善或者你想知道怎样才能在第一时间做最好的处理,一定要让儿科医生检查。

唐娅医生来支招

婴儿娇嫩的小屁股

在医院新生儿室,很多家长看到护士用湿纱布片为婴儿擦洗臀部,不禁在想:我们回家后应该用什么?尽管使用不含酒精、无香的湿纸巾并无不可,我还是建议在宝宝最初的2周左右使用柔软性更好的护理巾。将超柔纸巾或柔软的婴儿毛巾(如果你愿意事后清洗)在温水里蘸湿后使用,这样有利于保护婴儿娇嫩的皮肤。几周之后,可以买一些不含酒精、无香的湿纸巾来使用,但是如果宝宝有严重尿布疹的迹象,请再换回纸巾或软毛巾。

73. 为什么酵母菌感染会导致尿布疹？我该怎样清洗？

温暖、潮湿的地方最适合酵母菌生长，宝宝的尿片正好提供了这样的环境。典型的酵母菌性尿布疹是粉红色凸起状，看起来不美观，皮疹的主要区域外还有一些小斑块。酵母菌性尿布疹是皮肤被一种名叫白色念珠菌（*Candida albicans*）的细菌感染所造成的。虽然这种酵母菌在婴儿身上很常见，给婴儿和父母们带来很多麻烦，但幸运的是它并不危险。涂抹一种特殊的护肤霜即可消除酵母菌感染。我发现有一种处方药膏效果很好，它含有一种组合成分——由可清除酵母菌的抗真菌药物、保护皮肤的氧化锌和有助于皮肤修复的矿物油这3种物质组合而成。或者医生会建议你在每次换尿片时，将一种非处方酵母菌药膏和含有氧化锌的护臀霜混合，轻轻涂抹在患处。在等待尿布疹消失的这段时间里，你也可以给宝宝来一个燕麦浴，有助于缓解小屁股的疼痛感。

74. 我原以为宝宝会拥有娇嫩、漂亮和干净的皮肤，可它看起来不是这里有包就是那里有斑。为什么会这样？我该怎么办？

新生儿

新生儿皮疹种类很多。虽然它们不算严重，过段时间也会自行恢复，但确实会影响你预约拍摄宝宝照片。下面是最常见的几种新生儿皮疹：

新生儿毒性红斑：常在出生后第2或第3天出现，看起来有些像被虫子咬过，皮肤上有好几个白色水泡样的包，水泡周围皮肤发红。这种皮疹会出现在全身任何地方。没有人知道发病的具体原因，但是也不必担心。一旦儿科医生确诊，你大可放心，这种皮疹并无大碍，通常在宝宝 2 ~ 4 周时自愈。同时，也不用对这些水泡进行处理。

婴儿粉刺：没错，婴儿也会长粉刺！这种无危害性的皮疹通常会在宝宝出生后的第 3 ~ 4 周不请自来，大多数宝宝会在 2 ~ 3 个月后自行好转。这种皮疹主要是由激素从妈妈体内转移到宝宝体内引起的。大多数情况下，最好的治疗方法就是不治疗。你可以只是简单地用清水或是温和无香的香皂或洗发水清洗一下。另外，如果需要参加特别场合或者给宝宝拍照，你可以咨询一下儿科医生，是否可以使用浓度为 1% 的氢化可的松擦于患处，每天 1 ~ 2 次，使用 1 ~ 2 天，来暂时缓解症状。别担心，宝宝现在长粉刺并不意味着他青春期会长更多。

乳痂（溢脂性皮炎）：相当于婴儿头皮屑。这些干燥、片状的皮屑通常出现在新生儿头皮和眉毛处。典型且温和的治疗方法是每天用洗发水洗头，同时用婴儿刷或者软毛巾温和地轻轻擦洗头皮。市场上有好几种婴儿乳痂专用洗发水，你或许想要尝试一下。如果乳痂情况比较严重，儿科医生可能会建议你将专治成人头皮屑的洗发水或者抗真菌洗发水涂抹于婴儿头皮上，轻轻按摩，再冲洗干净，千万注意不要弄到宝宝眼睛里，这点非常重要。矿物油产品或植物油同样也有助于清洗乳痂，但如果宝宝头发浓密，使用这些产品会觉得油腻且很难清洗。也可以使用浓度为 1% 的氢化可的松霜，尤其是针对眉毛上的乳痂。如果宝宝的乳痂一直困扰你，下次去医院做儿保时，记得与儿科医生商量处理方案。

75. 我女儿从托儿所回来，全身起皮疹，但是没有其他异常，我该带她去看医生吗？

婴 儿

幼 儿

我的基本原则是，如果她没有表现出不适，就不必担心。然而，为了让托儿所放心，还是建议带孩子去找儿科医生评估并开具证明，写明重返托儿所或幼儿园的安全时间。许多事物，包括感染（如病毒感染）或者接触刺激性物质（如肥皂或口水），都会造成皮疹，通常没有其他症状。如果情况如此，可以再观察几天。

如果皮疹更严重或在2～3天内没有好转，孩子出现不适或看起来不舒服，请致电儿科医生。

76. 我的孩子发烧3天，没有其他症状，退烧后起了皮疹，我应该怎么办？

婴 儿

幼 儿

虽然有问题要尽量和医生确认清楚，但在绝大多数（比如这种）情况下，只要孩子状态好，父母什么都不用做。这是一种叫作幼儿急疹的儿童病毒性感染的典型病征。孩子发烧（通常在39℃以上）而没有其他症状，面对这样的情况，父母和医生都需要慢慢寻找答案。大约3天之后，答案就见分晓，因为退烧后1天左右会出幼儿急疹。一旦疹子出来了，孩子就不再具有传染性，可以带着疹子回归集体生活（如幼儿园和亲子课）了。

77. 我的孩子在持续鼻塞和流涕1周后，脸上出现了蜂蜜色的壳状结痂，这是什么？我该如何清理？

婴 儿

幼 儿

听起来你的孩子是得了脓疱病。脓胞病是一种皮肤感染，是由两种常见细菌（葡萄球菌和链球菌）中的一种造成的，这些病菌通常潜伏在人的鼻子里和皮肤上。通常，这些蜂蜜色结痂会出现在面部，在感冒或鼻窦感染时或痊愈后出现。多余的鼻腔黏液从鼻孔排出（更别提孩子的小手会把它们涂到周围），增加了鼻子里的细菌传播到周围皮肤的可能性。你可能想去看医生，以接受诊断和合理的治疗。通常，可以在患处使用抗生素软膏来清除脓包，如果有皮肤损伤、感染扩散或者使用抗生素后仍反复发作，可能需要口服抗生素药物来治疗感染。

78. 我儿子腿部有个敏感、发红且凸起的地方，我不敢肯定是什么，可能是感染了，我该怎么做？

幼 儿

皮肤损伤，无论是割伤、擦伤、还是昆虫叮咬，都有感染的可能性。每当发现皮肤敏感、变红或流脓，一定要寻求医疗帮助。因为皮肤上的细菌感染需要严肃对待，如果不及时确诊和适当治疗，感染区域会迅速扩大。

耐甲氧西林金黄色葡萄球菌（MRSA，Methicillin-resistant *Staphylococcus aureus*）就是个“害人虫”。像其

他种类的葡萄球菌一样，MRSA可以悄悄地藏在皮肤上或者鼻子里，你不经意的一刮或一挠，它们便趁机穿过皮肤防御，砰……你要面对糟糕的皮肤感染了。刚开始感染像是丘疹或被虫子叮咬，但是发展迅速。此外，细菌会攻占你家的房子，凡是到你家的人无一幸免。耐甲氧西林金黄色葡萄球菌的感染治疗起来相当困难，因为此种类型的葡萄球菌对用于治疗皮肤感染的常见抗生素都具有耐药性，需要密切的医治和使用特殊抗生素。有时，需要排干感染区域的脓包。为了避免家人被感染，彻底清除家中游荡的细菌，医生会建议你做如下事情：

- 全家人都要在鼻子里涂抹抗生素莫匹罗星软膏（百多邦），1天2次，持续1星期；
- 在洗澡水中加入漂白粉（1茶匙）的正规强度漂白剂配4升水），1周泡澡2次，每次15分钟；
- 要注意浴室的换气，尤其是孩子有哮喘时；
- 用非处方抗菌肥皂（如Hibiclens）清洗皮肤；
- 每天用热水清洗毛巾并高温烘干；
- 经常剪指甲，保持指甲清洁，以防抓挠和传染。

不管是何种类型的皮肤感染，发烧意味着细菌已经侵入血液，要立即致电医生。这时可能需要住院静脉注射抗生素。

儿科医生怎么看

涂抹防晒霜

儿童的皮肤非常娇嫩，太阳暴晒后很容易晒伤，即便是肤色较深的孩子也不例外。为避免孩子晒伤，预防皮肤癌，外出时要给孩子穿着轻薄的外套，尽可能避免阳光直射。也可以购买具有防晒功能的衣服。

不满6个月的婴儿不适合大面积涂抹防晒霜，如果衣物遮挡不到或处在没有遮挡物的地方，可以在其面部和手背上涂抹防晒霜。满6个月的婴儿可以在外出前30分钟涂好防晒霜（选择广谱、指数为SPF 30或以上的防晒霜）。含有氧化锌或二氧化钛的隔离防晒霜效果最好。不管选择什么牌子的防晒霜,都要先在孩子背部试涂做过敏测试后再大面积使用。防晒霜要勤涂抹，每1～2个小时，或者一旦身体湿了或出汗都要重新涂抹1次。另外，佩戴有防紫外线功能的太阳镜和帽子可以保护眼睛和头部。保证孩子不摘掉它们可是个挑战，你可以采用做游戏或者给它们起有趣名字（机器人眼镜或动物管理员帽子）的方式，而大人也要为孩子做好榜样，做好自身的防晒保护。

让你发痒的东西

79. 湿疹是什么病？我该怎么办？

湿疹又称特异反应性皮炎，是慢性、过敏性皮肤病，多发于有哮喘和过敏家族史的婴儿和儿童。患湿疹后会出现斑块皮肤干燥、瘙痒及发炎，严重者可能会发红、肿胀、破裂、渗液、结壳以及脱屑。引发湿疹的因素很多，包括食物、肥皂、清洁剂、温度变化、出汗或其他刺激性或令皮肤干燥的物质。有些孩子发病很少且间隔期很长，有些孩子则可能会持续面对湿疹，严重程度也会区别很大，从温和的症状到皮肤大面积被湿疹覆盖。

湿疹本身并不能够被治愈，往往孩子长大就好了，在此期间，我们完全可以治疗和防止湿疹复发。首先，远离任何你已经知道的会引发孩子湿疹的东西。虽然，通常来说，引发湿疹的不是某个特定的物质，而是多种物质的组合。减少孩子身边所有引起过敏或干燥的东西会很管用，而且并没有想象的那么难做到。例如，可以使用无香无色的洗衣清洁剂，同时，不可使用衣物柔顺剂，这些都不建议湿疹患儿使用。同样，肥皂也需要选择性质温和且无香的。记住，水，尤其是肥皂水能引起皮肤干燥。洗澡之后，不要给孩子擦干，而是要轻轻拍干，并全身厚厚地涂抹温和无香的软膏或厚重的乳霜。最好在出浴 3 分钟之内，在水分蒸发让皮肤变得更干之前涂抹。1 天涂抹 2 次软膏或乳霜，可以保持孩子皮肤湿润，防止湿疹严重发作。如果孩子湿疹症状严重了，就要咨询儿科医生，因为治疗湿疹的类固醇和非类固醇霜的种类很多，且使用方法也分为常规和按需使用。如果孩子因为皮肤瘙痒和抓挠（可能会加重病情或加长病程）而彻夜不宁，医生可能会推荐使用抗组胺剂。

如果皮肤有渗液、出脓、逐渐发红且敏感或者孩子发烧了，马上致电儿科医生，因为这些都是皮肤感染的症状。

80. 哎呀！我们正在餐馆吃饭时，我女儿突然觉得很痒，像是得了皮疹（荨麻疹）。我该怎么办？

如果孩子对食物或接触到的东西有不良反应，不论何时，首先确认孩子出疹时是否伴有其他过敏症状如喘息、吞咽困难及面部浮肿。一旦你确认孩子只是单纯地出皮疹，且症状为发痒区域有红色肿块，有时中心发白，那么他极有可能是得了荨麻疹。在吃到或者碰到某种特定物质后，荨麻疹可以迅速（或在几个小时内）遍布全身，也有可能先在身体某处出现，然后消失，之后在其他地方再次出现。食物（如牛奶、鸡蛋、坚果和扇贝）、药物（青霉素）或者蜜蜂蜇咬都可能导致荨麻疹。另外，荨麻疹还会伴随着多种病毒感染。尽管经常找不到病因，但是你可以写一个清单，记录一下孩子在出疹几小时之前吃过（食物或药品）或碰过的东西，以及近期有无被蜜蜂蜇咬和得过什么疾病。让医生查看清单，可以帮助确定荨麻疹的潜在过敏源，而此刻更加紧迫的是如何止痒。医生可能会推荐口服抗组胺剂（如苯海拉明）以缓解病症。如果荨麻疹还在继续蔓延而且奇痒无比，医生会建议你连续数天使用无镇定作用的抗组胺剂，因为常规抗组胺剂会让孩子昏昏欲睡。如果新生儿或儿童是过敏型体质，建议随身携带抗组胺剂，以备不时之需。

由过敏反应造成的呼吸困难极有可能在短时间内危及生命。如果孩子开始喘息、吞咽困难以及面部、舌头、喉咙或颈部有浮肿，应尽快送到急诊室或拨打紧急救援电话寻求医疗帮助。和儿科医生商量是否需要转诊至过敏症专科医师处，以确定过敏源和评估孩子病情。

81. 啊！我们好像长头虱了，该怎么摆脱它们?

毫无疑问，这种令人讨厌的小生物会让父母和孩子们都很痛苦。不幸的是，因为头虱会爬（但不会飞或跳），能非常容易地从一个孩子头上爬到其他孩子头上，也经常通过共用帽子或梳子传播。即便如此，大多数情况下，头虱清理起来非常容易。把非处方去虱洗发水涂抹在干燥的头皮和头发上，遵照说明保持一段时间。最后，要用梳子把所有的虱卵（白灰色极小的卵）从你孩子的头上去除——如果头发多，这会非常耗时间！如果你不幸没办法根除掉虱子，还可以使用处方类去虱洗发水，请致电咨询儿科医生。

儿科医生怎么看

遇见蛲虫怎么办?

在孩子身上发现蛲虫虽然不是什么有趣的事情，但也并无本质伤害。蛲虫看起来像一些灰白色的细线，通常在夜间突然出现在孩子的臀部（确切地说，是在肛门附近的皮肤上）。症状包括夜间臀部瘙痒，如果是女孩，甚至会造成阴道瘙痒。治疗方法包括服用处方类一次性咀嚼片，通常 2 周后再服用 1 次。儿科医生可能还会建议家庭成员同时进行治疗。用热水清洗所有的衣物及床上用品，以降低再次感染的风险。

胎　记

82. 我的宝宝身上有胎记，它到底是什么？会消失吗？

有些胎记会消失，有些会褪色，有些会伴随终生。以下是最常见的几种胎记：

单纯痣：单纯痣常被叫作“鹤咬印”或“天使之吻”。还记得你父母告诉你，新生儿们是被白鹳叼到这个世界上来的吗？“鹤咬印”这个词就来源于这个寓言故事。鹤咬印位于脖子后面，看起来像一块平整的、粉红或红色的印记。出现在前额或眼睑上的同样类型的胎记被称为“天使之吻”。在婴儿哭闹或洗澡时，由于体温升高及血液流动加速，这种无害的胎记看起来会比往常更明显。这些胎记通常是短期存在的，会随着时间流逝慢慢变淡，等孩子四五岁时就几乎看不到了。

血管瘤：这种胎记也是红色的，但是它通常看起来更像是一块血红色凸起的草莓样病变。血管瘤由一群毛细血管组成，在完全消失前，它通常会变得更大更明显。这是因为血管瘤通常会在宝宝出生后第 1 年里变大，之后再开始收缩并从中间向外变淡，到孩子 5 岁时，有一半已经消失，10 岁时 90% 会消失。这些胎记不需要治疗或去除，除非它们长在会干扰重要功能的地方，比如眼皮上（会影响视线）、口腔里或喉咙里（会影响呼吸或进食）。去除这些胎记的其他原因还包括美容（一些专家建议手术去除所有长在脸上的大的血管瘤）或者它们长在很容易被撞到的位置（因为血管瘤容易流血）。

蒙古斑：通常会跟早期瘀斑混淆。这种胎记呈蓝灰色，大多会出现在宝宝背部或臀部。蒙古斑常见于肤色偏暗的宝宝身上，到学龄时会变淡，不具有危险性。

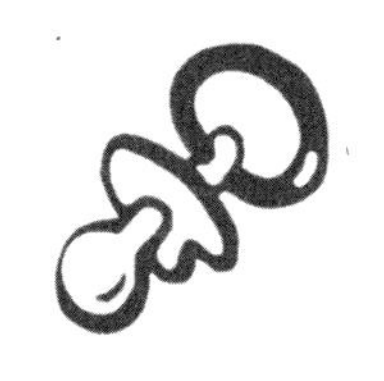

第10章

误食，受伤和急救

“育儿路上的磕磕碰碰”

偶尔受伤在所难免。如果能保护孩子时刻远离危险该有多好，不过这太不现实。我们越是希望孩子安静地坐着，他们越是要爬上跳下，越是我们不想让他们触碰的东西，却总能在他们的手里和嘴里找到，孩子们总能做出雪上加霜的事情。好在大多数时候情况都不会很严重，但有些伤害却会威胁生命。尽全力保护你的孩子——正确安装安全座椅，养成孩子坐安全座椅和系安全带的习惯；给家里做好儿童安全防护；外出时盯紧你的小家伙们。但就算你的照顾无微不至，你的安防措施无懈可击，宝宝可能还是会受伤。所以最要紧的就是做好准备，并且弄明白必要时该做些什么。

唐娅医生来支招

急救信息

把下列信息贴在冰箱上、电话机旁，并存进你的手机和移动设备里：

- 孩子的姓名、出生日期和目前的体重
- 定时服用药物的剂量和服用说明
- 任何过敏或医疗信息
- 你的联系方式（工作单位电话和手机号）
- 家庭地址和电话号码
- 儿科医生的姓名和联系方式
- 优先选择的医院和药房，及其电话号码
- 另一位紧急联系人的联系方式
- 急救中心电话 120

误　食

83. 我的孩子吃下了一棵植物上的果子；吞下了我不小心掉下的硬币；喝了洗洁精等等等等。我该怎么办？

跟我重复一遍：120。务必把急救中心的电话放在非常容易找到的地方（冰箱上，电话机旁和你的手机上），此时就能派上用场。告诉他们孩子误食的东西的所有细节（如颜色、形状或药丸上的印记等等），如果你也不太清楚，把你所知道的所有相关信息都告诉他们，他们会指导你该做些什么。已经不再推荐给孩子喂催吐剂这种做法了，因为这有时会造成进一步伤害。

当然，如果孩子不舒服或者真的是紧急情况，请拨打 120 救援电话。如果你还有其他任何疑虑，打电话咨询儿科医生。

儿科医生怎么看

有东西塞进鼻子或者耳朵时

孩子喜欢把珠子、豌豆或者其他你能列举出来的小物体塞进鼻子或耳朵里，我都不用告诉你我取出来的有多少。口鼻里的异物会比较危险，因为一旦吸入就会阻碍呼吸。塞进耳朵里的异物的危险性要小一些，因为耳膜会阻挡异物深入。但是，不管小朋友把蔬菜藏到哪里，都必须把它们取出来，以免发生流血或感染等并发症。尽快去看儿科医生。

84. 我家孩子可能吞了一枚硬币！我该怎么办？

只要孩子表现正常（能够正常呼吸、交谈及喝水），不要惊慌失措。大部分比 25 美分（相当于 1 元人民币硬币尺寸）小的硬币会毫无阻碍地通过消化道。联系儿科医生，他或许会建议你连续几天观察孩子的大便，直到找到硬币。如果硬币一直没有被排泄出来，可能就得求助医生了。拍一次简单的 X 光片就可以知道硬币在体内的准确位置，以及是否需要采取特别手段取出。如果你的孩子使用纸尿裤，硬币拉出来就很容易找到。如果他已经开始使用马桶，让他拉在纸盘子上，或者用塑料袋套在马桶上接住大便。带孩子一点儿都不无聊吧？

如果孩子呛到了，呼吸困难，流口水，或者疼痛（嘴巴、喉咙或者肚子），拨打120急救电话。如果他吞下了25美分的硬币或更大的东西，或是电池、磁铁或者像针这类尖锐物体，打电话给医生或者直接去医院急诊。如果你拿不定主意，打电话问问儿科医生。

受　伤

85. 救命！我女儿从沙发上掉下来了。我觉得她撞到了头，我该怎么办？

新生儿不大可能自己翻身，但是他们会扭来扭去，于是，天晓得是怎么回事，就在父母转身之际，哪怕就是那么一小会儿，他们就会从沙发或尿布台上跌落。砰的一声巨响，整个房子都能听见。要怎么才能知道他有没有真的受伤呢？通常宝宝会立刻大哭，但是被父母抱起安抚后就会平静下来。一旦他平静下来，立刻用你的手轻轻按压他的全身，找找是否有按压时会使他疼痛哭闹的柔软部位。发现某处有痛感或哭闹不止，需要马上送其就医。

如果宝宝陷入昏迷或者受伤严重，立刻拨打120，或者致电儿科医生说明情况。医生可能会要求你把孩子送到他诊所或急诊室，尤其是孩子从比床或沙发还要高的地方跌落，或者孩子哭闹不止、呕吐，或者跌落后拒绝喂养，行为与平常不同的时候。

要防止跌落发生，记得扣好尿布台上的安全带，不要把孩子单独留在床和沙发上，绝对不要把装着宝宝的婴儿摇椅或汽车安全座椅放在突出的台面上，例如桌子或柜台上。

婴儿

幼儿

所幸的是，大多数跌落都不会导致严重的损伤，不管是从床上还是沙发上还是走路或奔跑时。头部创伤是最常被关注的，但是除非你亲眼看到他跌落，否则也没法确认孩子是否撞到了脑袋。如果孩子跌落后失去意识，需要尽快送医，马上去找儿科医生或者送去急诊室。如果他哭了一会又继续玩耍，儿科医生可能会让你在家密切观察。检查他的头皮，鹅蛋大的肿包意味着典型的颅外损伤，而不是内部的脑损伤。要是孩子愿意，把冰块（也可以用一袋冰豌豆或冰玉米）用布包起来放在肿包上，可以缓解疼痛和肿胀。只要他表现正常，没必要在夜里为了确认状况而把他弄醒。

如果孩子出现严重头疼、无法控制的哭闹、呕吐、说话走路或行为异常，致电咨询儿科医生。另外，如果伤口的出血点按压5分钟后仍然血流不止，也要致电咨询医生。

86. 我家的小朋友奔跑的时候绊倒了，现在一直哭着不肯走。我想知道他是不是哪里摔坏了？

你没办法确认。没有X光照片，医生也不总能确认。如果是医生上班时间，你完全可以打电话约见他。不过似乎这种情况总是在下班后或周末发生。在去急诊室之前缓几分钟，试着安抚他。在他平静下来之后，给他服下适当剂量的布洛芬（美林或者雅维）或对乙酰氨基酚（泰诺林），如果孩子愿意，可以冰敷受伤部位。如果受伤部位有明显错位，或者孩子不停地痛苦尖叫，并且不愿站不愿走，最好是让医生检查一下（读到这里，你大概正在发动汽车了）。如果孩子看起来正常或者现在已经是深夜了，等到第二天早上再去检查伤势也可以，那时他可能已经好转，又能走路了。

如果第二天早上孩子能正常走动就不用再担心了。他可能只是受了轻伤（不是骨折或者断裂）并且已经好转。如果他还是无法正常走路，或者表现出疼痛，就需要去看医生了。医生会安排他做X光检查以诊断是否骨折（小腿骨出现细小裂缝，常见于会走路的幼儿）。这虽不是什么严重症状，但还是需要静养，装上支架固定好几周才能康复。

87. 我拽着孩子的胳膊把他抱起来了，现在他的一个胳膊耷拉着不能动，我一碰那个胳膊他就哭。我是不是伤到他什么地方了？

这种常见的伤害叫作“牵拉肘”。突然的外力牵拉会导致孩童手肘从关节处脱落，也就是“脱臼”。幸运的是，通常医生只要在诊室里做个简单的动作就可以把胳膊归位。（我做这种手肘归位后喜欢给孩子受伤胳膊的那只手里塞一根棒棒糖，然后离开。5分钟后回来查看，经常会发现孩子们在开心的舔着棒棒糖，这说明胳膊已经没事了。）由于只是韧带受到了暂时的、轻微的拉伤，这种伤害不会造成长期的并发症，但是有些孩子的肘部会再次脱臼。所以，爸爸妈妈暂时不要和孩子玩直升机游戏了。以后再将孩子抱起来要用手撑住他的腋下或环抱他的胸口，以免这种事故再次发生。

汽车安全座椅

车祸是导致儿童死亡的头号杀手。你无法控制公路上的其他人，但是你可以每次让自己的家人系好安全带。别忘了让训练有素的专业人士来检查你的汽车安全座椅。正确的安装和使用才能在事故中保护你的小家伙。

88. 我很困惑，到底哪种安全座椅最适合我的孩子？

不是你一个人这么想。可选择的产品这么多，不止一个安全座椅是“最好”或“最安全”的，有困惑很正常。最适合孩子尺寸，安装规范，并且每次开车都正确使用的安全座椅就是最好的安全座椅。别忘了让训练有素的专业人士来检查你的汽车安全座椅（在美国，许多警察局或消防站都可以检查）。

新生儿

如果你还没有购置安全座椅，那么从医院把宝宝接回家前，你需要准备一个。很多父母一开始喜欢购买婴儿专用的座椅，因为其底座可以留在车上（车多的话可以买多个底座），你只需要往底座插上或从底座拔下座椅，就可以方便地移动小家伙。安全座椅必须始终反向安装在汽车后座上。如果这是你第一个孩子（车上只有一个安全座椅），推荐你尽可能安装到后座中间位置（有些车无法安装）。如果要在后座安装两个安全座椅，最舒服的安排是左右各一个。

婴 儿

宝宝长大了，超出婴儿专用座椅的体重身高限制，父母就该考虑更换座椅了。查看一下他目前使用的安全座椅的身高和体重限制，你就知道该在什么时候给他更换新座椅了。通常接下来的选择是可调节座椅。顾名思义，可调节意味着起初可以反向安装，等孩子大一点后，还可以调转过来正向安装。

幼 儿

根据美国很多州的法律规定，孩子必须满 1 周岁并且体重达到 9 千克左右，你才可以把后座上的安全座椅调转过来正向安装。安全专家和美国儿科学会的建议是，让 2 岁以内的孩子一直反向坐到座椅所允许的最大身高和体重。毫无疑问，这是他们最安全的乘坐方式。

割伤，擦伤和咬伤……哎呀我的天！

89. 怎么才能确定宝宝是否需要缝针？

割伤、擦伤对一些活泼好动的小孩子来说是家常便饭。如果伤口很深，呈开放型，或者出血点经过 10 分钟的直接持续按压后仍然流血，伤口也许就需要缝合了。身体某些部位可以用特制的医用胶水或订钉（通常用于头皮）替代缝针。带着孩子的疫苗注射记录本，因为医生要根据造成割伤的物品和孩子最近一次注射破伤风强化疫苗的时间来判断是否需要注射破伤风。

如果你认为孩子的伤口需要医生缝合，打电话问问儿科医生，是去诊室还是得找急诊医生或者整形医生。不要耽误太久——处理伤口的最佳时机是在伤害发生后 4 ~ 8 小时内。如有发热、变红、疼痛和肿胀等种种感染迹象也需要尽快让医生诊断。

育儿小常识

取出碎屑

用肥皂和水认真清洗受伤部位，然后试着用镊子捏住凸起处，再轻轻拔出。如果不能拔出，可以等几天看看它能不能自己出来。

如果碎屑深入皮肤或者没有很快出来，或者有红肿、渗液或疼痛等感染迹象，请务必去看儿科医生。

90. 我儿子被虫子蛰咬了，现在他的腿又红又肿。怎么办？

哎，好疼！首先检查下有没有虫刺，如果有，可以用信用卡或干净的指甲边缘轻轻平刮周围皮肤，取出钉刺。用肥皂和水清洗该部位，然后敷上冰块或冷敷布，这样可以减轻疼痛和肿胀。也可以给孩子服用适当剂量的布洛芬（孩子必须大于 6 个月）或者对乙酰氨基酚止疼。如果孩子觉得痒，可以试试局部外用的止痒药物（如氢化可的松乳膏或炉甘石剂）或者适量的抗组胺药物。如果你不知道自己孩子应服用的剂量，打电话问儿科医生。

如果你发现任何皮肤二次感染迹象，如持续发红、疼痛、渗液或有脓，立刻去看医生，因为可能需要抗生素治疗。如果被叮咬后有呼吸或吞咽困难、手脚肿大等严重过敏反应，马上寻求医疗帮助！

第11章

成　长

“走路和说话”

从他第一次微笑到他第一次迈步，每次孩子学会新本领都令人激动、值得纪念。不过你可能很快就觉察到，孩子掌握每项技能的时间与其他同龄的孩子并不是那么一致。父母将自己孩子和别人家的比较，这再正常不过了。虽然你无数次地告诫自己要克制比较的冲动，可就是做不到。我也不会非要说服你别做比较，但是我会试着用一句话打消你的疑虑，那就是：每一个孩子都是独一无二、与众不同的。你总会遇到这样的情况：别人家的孩子都已经出牙了，走路了，说话了，自己上厕所了，围坐小圈圈安静听讲了，而你的孩子还没有任何动静。

谨记，自孩子出生后，希望你能乐享他成长中的每个时刻和每个重要意义的里程事件，并且始终积极地参与他的成长过程。我不打算送你糖衣炮弹，日子有好有坏，但是每一天都是崭新的一天，每一天都充满着学习和成长的机会。

成　长

91. 我什么时候能看见孩子出牙？该怎么护理呢？

婴儿

第一颗牙通常是 6 ~ 8 月龄萌出。不过有的小孩 1 岁以后才出牙。出牙后，就要在睡前用柔软的毛巾或牙刷轻轻擦拭。孩子满 6 个月后，就需要添加少量的氟以防止龋齿。根据各地区饮用水的含氟量差异，儿科医生会指导你给孩子服用含氟维生素或者每天只喝一些含氟的饮用水。

幼儿

1 岁左右就可以用清水或一点点无氟牙膏刷牙了。让刷牙变成一件有意思的事情。准备三支牙刷，这样孩子一手抓一个的时候你就能用第三支给他刷牙了。1 岁左右是看儿科牙医的好时机。牙医会告诉你孩子是否需要通过饮用水、维生素或含氟牙膏补充额外的氟。一定要严格遵照医生的推荐量使用，因为过量的氟会导致牙齿上留下永久性的白斑。2 岁左右可以试着让孩子开始自己刷牙，不过大部分工作还是要你来完成。玩轮流刷的游戏，在他刷牙时数到 10，之后换你刷，然后也数到 10，反复玩上几次。另一个办法就是唱一首孩子最爱的歌。一般在 2 ~ 3 岁以后，孩子可以漱口并吐水了，就可以使用豌豆粒大小的含氟牙膏。

如果孩子到了 1 岁还没有出牙，或者牙齿有变色或其他异常，打电话让儿科医生推荐你到儿科牙医处就诊。

92. 我的孩子多大时需要穿鞋？特别设计的鞋子能够防止足内翻或外翻吗？

鞋子的作用是在不安全的表面或者各种天气（雨、雪或日晒）中行走时保护孩子的小脚。我知道你买的那些带着设计感的小鞋子很可爱，但是最好还是让孩子光脚。婴儿通过用整个脚掌抓取地面（光脚时更容易做到）学会走路。鞋子不会让你的孩子走得更早、更好和更快。如果挑选鞋子，要确保鞋子舒适灵巧、有防滑底纹以及给小脚留出足够的生长空间。最好让专业人士帮孩子挑选出合适的鞋子。

总的来说，孩子刚开始走路时脚会轻微外八，过一段时间又可能会轻微内八，再过一段时间，他们最终会正常走路。特制的鞋子或支架已经完全不推荐使用了。如果你还是有疑虑，下次看医生的时候，让医生看看孩子是怎么走路的。

发 育

93. 我家宝宝 4 个月大还不会翻身，我家宝宝 6 个月还不会独坐，我家宝宝 1 岁还不会走路，我该不该担心？

每个孩子生长发育的速度都不同，这就是为什么每个标志性动作发育的年龄段跨度都很大。总的来说，如果只是某一阶段发育特征没有赶上，你家孩子只需要多一点时间和多一点鼓励。116 ~ 118 页的发育里程表会让你大概了解在孩子成长的每个阶段该期待什么。

儿科医生会在每次体检时评估孩子的发育状况，如果你有哪方面疑虑，尽快打电话或通过其他方式预约医生。

发育里程表

月龄 / 年龄	大动作	精细动作	语　言	社　交
新生儿	• 拉坐时头部后仰 • 头侧转 • 满月后能追视物体到身体中线	• 小手紧握 • 抓住放在手心的物体	• 哭	• 识别人脸
2 个月	• 俯卧时头可以抬起 45 度 • 追视物体过身体中线	• 抓握反射消失	• 咕咕	• 对任何人和物体无差别微笑 • 能辨认出父母
3 个月	• 追视物体过身体中线	• 拍打物体 • 休息时手放松张开	• 咕咕	• 期待进食
4 个月	• 俯卧时用胳膊撑起胸部并抬头 • 拉起至坐姿时头部不后仰 • 开始从俯卧翻身成仰卧	• 手伸到身体中线 • 抓住物体，并往嘴里送	• 笑	• 对声音有反应 • 喜欢观察周围环境

发育里程表（续）

月龄 / 年龄	大动作	精细动作	语 言	社 交
6 个月	• 开始不需支撑独坐 • 可能会从仰卧翻身成俯卧	• 伸出一只手或双手拿东西 • 把东西从一只手递到另一只手 • 拨动小的物体 • 抓住脚，往嘴里放	• 咿咿呀呀	• 看到父母以及和父母玩耍非常开心 • 能区别出陌生人
9 个月	• 不需要帮助能自己坐起 • 可能会爬行 • 可能能够被拉起至站立 • 可能会扶着家具移动脚步（缓慢移动）	• 握住瓶子 • 用大拇指和另一个手指抓捏东西（呈镊子状抓取）	• 无针对性地喊“妈妈”“爸爸”	• 挥手再见 • 拍手 • 明白“不”的含义
12 个月	• 无需帮助能站立 • 在帮助下可以走几步 • 开始独立行走	• 有意地松开握东西的手 • 尝试涂鸦	• 除“爸爸”“妈妈”外，还会其他的几个字	• 期待进食

发育里程表（续）

月龄 / 年龄	大动作	精细动作	语　言	社　交
15 个月	• 爬楼梯 • 开始倒退走	• 模仿涂鸦 • 无需帮助能使用勺子和杯子	• 能说 4 ~ 6 个字	• 听从一个步骤的指令
18 个月	• 开始跑 • 扔球时不跌倒	• 自发的涂鸦 • 翻书，通常几页一起翻	• 能说 8 ~ 20 个字	• 指认身体部位 • 模仿干活
2 岁	• 上下台阶无需帮助 • 踢球	• 画画时模仿线条 • 会一页一页的翻书	• 说 50 ~ 100 个字 • 使用代词，但刚开始不能正确使用 • 说两个词组成的句子	• 听从两个步骤的指令 • 在其他孩子身边玩耍但不参与
3 岁	• 左右脚交替上楼梯 • 骑踏三轮车	• 照着画圆圈 • 独立脱衣 • 尝试自己穿衣服	• 用 3 个或以上的词组成句子 • 问问题	• 能和伙伴一起玩耍 • 开始分享和轮流 • 知道名字、年龄和性别

94. 自闭症有什么表现？

自闭症是一种广泛性发育障碍，症状表现有轻有重，多见于男孩。虽然早在婴儿期就有迹象表露出来，但是通常在 18 月龄 ~ 3 周岁之间被发现。你的儿科医生会在 18 月龄和 24 月龄的各项检查中筛查自闭症，同时也会在每次体检时观察孩子的发育情况。需要注意的是，一些其他发育问题也会产生和自闭症相似的症状。同样的，如果你对孩子的发育有任何疑虑，告诉你的儿科医生。

下面是自闭症的一些常见表现：

- 说话迟或不说话
- 无眼神交流，被别人称呼自己名字时无反应
- 不会指点等手势
- 不喜欢拥抱和亲吻
- 重复性的动作和词语
- 固执的行为
- 发育迟缓，尤其是语言和社交能力滞后
- 对所看、所触、所嗅、所尝或所听反应异常

如果你觉得自己的孩子可能有自闭症谱系障碍，找儿科医生谈谈。早期的强化治疗（例如语言疗法、工作疗法、行为疗法和社会融合疗法）能改善症状，并带来实质的改变。

儿科医生怎么看

关掉电视

美国儿科学会建议不要让2岁以下的孩子接触电视、影像或电子游戏。出生后的头两年对你孩子大脑的成长发育至关重要。这个时期，孩子需要的是与其他孩子和成年人之间良好而积极的互动。过多观看电视对孩子早期的大脑发育有消极影响。

2岁以后，孩子可以观看教育性的、不含暴力内容的节目，并且时间要限制在每天1～2小时内。确保节目内容适合孩子的年龄，而且每次都陪着孩子看电视和玩游戏，这样你就能知道其中的内容，能和孩子进行讨论。利用这个绝好的机会给孩子受益终身的教育，谈论如健康和安全这类重要话题。

行为规范

95. 对付孩子发脾气的最好办法是什么？

管教孩子的关键在于坚持。记住，你才是家长。对付乱发脾气可不那么容易，但还是有办法平复他们。下面一些做法有助于让孩子停止（最起码可以减少）发脾气：

- 无视他的行为。如果你走开或不予理会，孩子可能就停下来了。
- 隔离处理。在家里选择一个地方，规定乱发脾气的孩子必须到该处坐下或者站立几分钟（每大1岁加1分钟），直到他情绪平稳。

- 转移孩子的注意力。我喜欢走到房间另一边，大声说“妈妈要读一本书”，然后开始大声朗读。我儿子往往就安静下来，走过来一起读了。
- 当孩子做得不错时给予奖赏，在表现好的时候当场奖励孩子。
- 避开可能会引起发脾气的场景。外出时，如果孩子总是在你安排的第二个行程中哭闹，那么每次出门只做一件事就回家。
- 离开现场。如果是在公共场所（例如商店或餐厅），只要把他带走就可以了。当然，如果正在排队结账或者饭才吃了一半，执行起来就有点困难，但这招的确管用。

育儿小常识

吸吮手指

吸吮手指是1岁以下的宝宝最常见的自我安抚的方式。这没什么危害，而且等到宝宝大一点会自我纠正，通常是在他们开始上幼儿园的时候。你没办法拿走他的拇指，但是你可以引导他们用其他可爱的物件或安抚物，比如某个玩具或者小毯子。贴胶布、夹夹子、涂上难吃的味道等等这些方法在这个年纪都不是很管用。最好的办法就是视而不见，你可以这样安慰自己：孩子用这种安静的方式自我安抚也很好，交给时间解决吧。

唐娅医生来支招

改变行为——只需1周

几乎所有的行为都可以在1周之内成功修正，前提是所有的看护人保持一致，并且给予鼓励和奖赏。不论你是想制止孩子咬人或是让他独自睡在自己的儿童床，你需要的仅仅是1周时间，只要你能坚持住。

- 保持一致——让所有的看护人都统一规矩和日常安排。
- 鼓励——读一本鼓励行为养成的书或讲个故事。
- 奖励——夸奖好的行为；给予拥抱、亲吻、小贴纸或者代用币等奖励。
- 预测冲突——改动你的日常安排，避开产生冲突的场景。
- 快速回应——对孩子的行为立刻给予点评（无论好坏）。
- 忽视——细微的、无关需求的行为不值得你花费精力。
- 一次一个——选择你的战场，一次只纠正一个行为习惯。
- 榜样的力量——孩子会观察你，跟随你的举动，所以你对身边的人要以礼相待、表现出尊重和爱。

如厕训练

96. 什么时候能开始如厕训练？该怎么做？

大多数孩子在2岁半的时候就可以了，所以，在2岁体检的时候问问儿科医生。一旦开始如厕训练，你首先要做的就是深呼吸、放松心态。每个小孩最后都会自己上厕所。要是你的孩子还没准备好，或者你希望赶在孩子上幼儿园之前或弟弟妹妹出生之前训练好，那肯定不会如愿以偿的，而且可能需要更长的时间。等到孩子真的准备好了，对所有人来说，一切会变得轻松得多。别想太多，孩子什么时候会上厕所和他有多聪明或者将来有多大的学术成就没有任何关系。没有哪个大学申请或者工作面试会问你什么时候学会上厕所的。以下是孩子准备好进行如厕训练的一些信号：

- 纸尿裤保持好几个小时无尿干爽。
- 每次大便的时间都很规律。
- 每次要大、小便在纸尿裤上的时候会有迹象，比如躲起来或者蹲下来。
- 纸尿裤弄脏了会觉得不舒服，主动要求换掉。
- 听从简单的指令，去卫生间，自己会脱裤子。
- 主动要求用马桶和穿小内裤。

要真正地进行如厕训练，孩子必须能感觉到有排泄的需求，能够表达这种感觉，然后还要会告诉你并采取行动（到小马桶里去嘘嘘或臭臭）。这些最常出现在孩子 2 岁半的时候，但也有孩子早一些或晚一些。

其实，如厕训练前的准备工作可以早点开始。以下方法会帮你取得成功：

如厕用词：把家里人称呼座便器和大小便的词教给孩子。（便便桶、臭臭和嘘嘘这类词最近大家都比较接受，不过还是需要谨慎。你教给孩子的词语，他们都会在公共场所重复，很可能就是在买东西的时候。）告诉他刚刚是怎么回事或者你正在做什么，比如：“雅各布拉臭臭了”，或者“我们来换掉脏脏的纸尿裤吧”。孩子都很聪明，很快就能明白，然后就会告诉你什么时候他想要排便或者换纸尿裤。

大便柔软：确保孩子的大便柔软，如果他便秘或者大便干硬，他会因为疼痛而不上厕所。他会一直憋着，大便也因此变得更大更硬，排便也会更痛，这样一来，如厕训练往往会失败。（关于大便柔软的建议，参见第 50 ~ 51 页，问题 40）

有样学样：你上厕所的时候也告知他，让他看着你怎么用卫生间。教他每次便后要洗手。

大小马桶：你可以选择买个小马桶，也可以买儿童用的马桶圈。不管哪一种，最好让孩子的小脚有可以支撑的地方。你有没有试过双脚悬空拉便便？绝对不轻松。

趣味游戏：让上厕所变成一件有趣的事——读一本书或是唱一首歌。有很多非常好的书都可以鼓励他使用马桶。不要因为他不用马桶而责备他，或者强迫他坐下去。给予表扬会更加有用，哪怕是对于最微小的努力。用肯定的话语、大大的拥抱、亲吻或者专门的厕所歌曲或舞蹈奖励他。必要的话还可以用上贴纸、印花或者其他小奖品。

97. 我家孩子 3 岁，知道怎么上厕所，但只是偶尔去。一会儿换内裤一会儿换拉拉裤，我好累啊。该怎么办？

如果你的孩子有时会去厕所，并且也知道怎么做，这个就是行为养成的问题了。一会儿穿内裤，一会儿穿拉拉裤或纸尿裤会让他觉得很困惑。选一个你能一直陪着他的周末，让他明白，从明天开始只穿小内裤。丢掉拉拉裤和纸尿裤，买一大包小内裤，然后就开始吧！引入奖励机制，每次他上厕所都给他胳膊上贴一个贴纸，或者给打个电话告诉爷爷或奶奶。如果出了点小意外，让他知道（“嗯，你出了点小意外哦。”），让他帮忙清理（“来吧，我们一起把臭臭扔到马桶里，然后把衣服洗干净。”），然后继续（“下次记得告诉妈妈，我会及时把你抱上马桶的。”）。如果你坚持下去，不再使用纸尿裤（坐车或者去逛商店也不用），那么孩子可能一个星期之内就完成如厕训练了。

育儿小常识

整夜干爽

如厕训练指的是白天上厕所。对大多数孩子来说，要等更大一些才能实现整夜干爽。实际上，6岁前的孩子尿床太正常了，有的孩子甚至需要更长的时间。所以，晚上要给孩子用拉拉裤或者纸尿裤（你可以把这个叫作“睡觉穿的内裤”），除非他能经常保持整夜干爽。

第12章

睡　眠

“安睡一整夜”

睡眠是到目前为止在我行医生涯中讨论最多的育儿话题，也绝对是最重要的育儿话题之一。谁不想每晚多呼呼一会儿？现实情况是，宝宝出生后回到家的头几个星期里，你很可能睡不了多少觉，头几个月的睡眠也是时好时坏，不过，如果你处理得当，你和孩子都能睡好觉——最起码大部分时间是这样。那么，要怎么做才能如你所愿呢？固定的睡前流程，持之以恒，再加一点点意志力，整个局面就会大为改观。这么说吧，下午6点制定的最周密的计划，到了凌晨4点就进行不下去了，因为那时你很困，做的决定也很仓促。但是，要坚持这条路走下去，牢记你的目标——安睡一整夜。

下面这些方法是我觉得行之有效的，你可以请儿科医生帮忙根据你孩子的情况做一些调整。

睡眠解决方案

98. 我已经精疲力尽了，我家宝宝什么时候才能睡整夜觉？我要怎么做？

我知道你的苦衷。在我打这些字的时候，我两个月大的宝宝就在旁边打盹儿，我和他昨晚都没怎么睡。唯一可以感到慰籍的是，我相信他的睡眠模式会改善，在 4 ~ 6 个月的时候，他将很有希望一晚睡 8 个小时。以下就是我的计划：

出生头 2 个月：这个阶段的小宝宝仍然会每隔三四个小时醒来吃奶。开始固定睡前程序，让他明白现在是晚上，而不是白天小睡。睡前程序不需要很久，比如这样的程序可能会管用：洗澡（如果当晚该洗澡），换睡衣，看书，喂奶，包裹起来，上床，最后关灯。他可能在吃奶的时候就睡着了，或者你可以轻轻摇晃他帮他入睡，对于这个月龄的宝宝，这样做并无不可。

3 ~ 4 个月：坚持执行睡前程序，但是最后一个步骤是，在他没睡着的时候把他放在婴儿床上，这样他才能学会自己入睡。如果他总是在吃奶的时候睡着，调整一下睡前程序，把换睡衣或者讲故事放到最后。如果他习惯被摇晃睡着或者奶睡，半夜醒来的时候他也会要你用同样的方式哄睡。要是他真的半夜醒来，别急着跑过去喂奶，先等几分钟。很可能这只是他睡眠周期里的短暂清醒阶段，他会自己再次入睡。

4 ~ 6 个月：你的孩子夜里基本不需要喂奶了，所以他应该能一觉睡 6 ~ 8 小时了（如果你不去打搅）。继续坚持睡前程序，让他自己入睡。半夜醒来的话，让他用同样的自我安抚的方法接着睡。在他学习自主入睡的这期间，断夜奶会让他哭一会儿（或很久）。给孩子一点时间。几个夜晚之后，他会找到自己再次入睡的办法。良好的睡眠习惯对家里的每个人都很重要。

6个月以后：你的孩子晚上应该能一觉睡至少8个小时了。如果不是，现在正是改进睡前程序和夜间睡眠计划的好时机（参见第129～130页，问题99）

儿科医生怎么看

婴儿猝死综合征

婴儿猝死综合征（SIDS）指的是1岁以下婴儿不明原因的死亡。发生婴儿猝死综合征的确切原因不明。培养宝宝仰睡习惯、远离二手烟以及使用硬床垫（床上不要有枕头、玩具或非常柔软的床上用品）能够降低发生婴儿猝死综合征的风险。不推荐使用松软的盖毯为睡眠中的宝宝保暖，睡袋是个不错的选择。别忘了提醒爷爷奶奶、外公外婆或其他看护人注意这些事项。

99. 宝宝半夜醒来要是不喂奶、不摇晃、不睡在我的床上或者不给安抚奶嘴就一直哭。听到孩子哭我就受不了，我该怎么让他晚上睡整觉？

宝宝4～6个月之后，如果你半夜总是用喂奶、摇晃、搂抱或是安抚奶嘴哄他，他就会一直依赖你的帮助才能重新入睡。夜晚是睡觉时间，除非你想在接下来的一年或更久都继续这样，不然就给他一个学习自主入睡的机会。比起等到他能站在小床里哭着要妈妈的时候，现在学习会更容易。是的，他可能会尖叫哭闹。我知道你听到了会很揪心，我知道你有所顾虑，但是你整个白天都可以搂着他，让他知道你有多爱他，并会一直陪着他。如果你担心会不会饿到他，答案是——不会的。这只是个习惯。从4～6个月开始，他就可以睡上6～8小时不吃不喝，大部分宝宝6个月以后可以一直睡8～10个小时。一旦你夜里停止喂孩子，他会在白天多吃点补回去。

过了6～8个月，在他的小床上放一个小可爱（小毯子或者小毛绒玩具），让他可以搂着睡。选一个晚上，周五最好，因为接下来几晚上会很难捱。一定要坚持住，因为他不能理解为什么有的晚上被抱起来吃奶，有的晚上又没有。让他按时入睡，告诉他你希望他睡多久（大声宣布，让你自己也清楚自己的打算）。夜里一旦他醒来，让他自己找到重新入睡的方法。可能他会哭闹好几个晚上，但是如果你抵住诱惑不去干涉，每晚的哭声会越来越少，不知不觉他就能睡整觉了（你也能了）。到了早上，告诉他你为他骄傲——鼓掌、欢呼、唱歌或者跳舞。就算他太小不懂，这也是个良好日常作息的开端。不管是什么样的睡眠方案，只有父母双方保持一致，才能起作用。所以，和你的伴侣谈谈，达成一致意见。

学步期幼儿的问题

100. 我们家的学步期宝宝会在夜里醒来，爬出小床，跑进我们的卧室。如果我试图把他放回去，他就会大发脾气，把其他孩子们或者邻居吵醒。我该怎么办呢？

如果你读到这里时你的孩子还没换儿童床，记住，用婴儿床进行睡眠训练更为轻松安全，这时候他还不会爬出床栏，然后满屋子乱逛。不管孩子多大，明知会打搅到别人，还要任由他哭，这的确是很难办的事。提醒每个能听到的人（给邻居送个礼物），用连续几个晚上的时间来遏制这个问题。一旦孩子能整夜睡觉，对所有人都有好处。

同样的，选择你可以几个晚上整夜不眠的日子（比如一个长周末），坚持一贯的睡前流程，让你的孩子知道大家希望他怎么做——在自己的床上睡一整夜。给他准备一个半夜可以搂着睡的新枕头、小毯子或毛绒玩具，告诉他这个可以整晚陪着他在他的"小男子汉的床"上睡觉。如果他跑出来，牵住他的手带他走回去，简单说一句"晚上我们都睡在自己的床上"，给他盖好被子就离开。下次他再跑出来，就说"床"，牵着他的手带他走回去。第三次，什么也不说，把他送回床上。接下来每次他从床上跑出来你都要这么做，第二天晚上照旧。大概需要连续三四个晚上（以防万一，预备出一整周的时间），你们就能在各自的床上整夜安睡了。你可以在他的门口安装一个安全防护门，然后让房门开着以便注意他的动静，这样他也会被拦着出不来，也不能夜里一个人在家里走来走去了。到了早上，告诉他你为他骄傲——跳舞、欢呼还有开派对等等，只要能让家里所有人继续坚持这个流程，怎么庆祝都不为过。

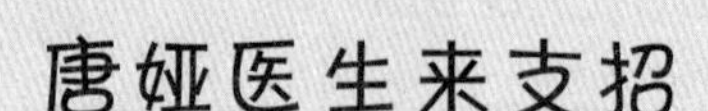

从婴儿床到儿童床

- 建立兴奋感——找一本相关主题的书（或者编一个故事），让孩子有个心理准备。让他为自己的新床挑选床品。
- 结合依恋物——告诉他婴儿床上的小毯子、毛绒动物或娃娃也会陪着他一起睡到他的大床上。
- 放手去做——挑一个晚上让他开始睡儿童床，不要再反复。
- 睡前程序——维持之前的睡前程序，一直坚持下去。
- 鼓励良好的睡眠习惯——入睡和早上起床时，表扬并奖励他（亲吻和拥抱是很好的奖励）。
- 别忘了安全问题——安装床围或者去掉床架，这样床垫会接近地面。确保他的房间没有安全问题，以防他爬下床。可以考虑在他的房门上安装安全门，防止他出来在家里走来走去。

101. 我家学步期宝宝会在夜里醒来大声尖叫。他是做噩梦了吗？或者这就是我以前听说过的夜惊吗？

虽然这两者对于父母来说都很可怕，也会吵醒所有人，但是噩梦和夜惊的确是两码事。

夜惊通常发生在1岁半以后的孩子身上，且通常发生在夜间前三分之一时段。典型的场景是孩子入睡大概3小时后突然醒来，像被附身一样。他可能会尖叫、发抖，用手指着某些东西。父母无法使他安定下来，他甚至察觉不到父母在房间里，但是这一出过后他又能很快入睡，第二天醒来完全不记得发生了什么——虽然家里其他人会记得。导致夜惊的原因可能是压力和疲劳。怎么打破这种循环？鉴于夜惊基本上每晚发生在同一时段，提前15～20分钟把孩子叫醒，这样他的睡眠周期就会被打断，他的睡眠就会直接跳到下一个不会出现夜惊的阶段。同时，注意不要让孩子疲劳过度。让他晚上早点上床，或者有必要的话让他白天睡一小觉。

噩梦通常发生在后半夜。做了噩梦的孩子会彻底清醒，并对父母的安抚作出回应。他们会记得梦境，甚至第二天都能记得。一旦孩子做了噩梦，让他安心下来，能避免他们再做噩梦。和孩子聊聊梦境，告诉他梦不是真的。检查一下孩子的环境（例如幼儿园和家里），看看是不是有什么事情困扰了他。确保孩子不接触暴力的行为、电影或电视节目。如果噩梦持续好几天，请和儿科医生谈一谈。